はじめての〈超ひも理論〉

宇宙・力・時間の謎を解く

川合 光

講談社現代新書

1813

まえがき

超ひも理論が究極の統一理論として注目を集めるようになってからおよそ20年になりますが、この間に大きな発展が2回ありました。

第一の発展は１９８４年から5年ほど続いたブームのなかから出てきました。超ひも理論はその前から研究されていましたが、大部分の物理学者からは非現実的なおもちゃにすぎないと考えられていました。ところがよく調べてみると、超ひも理論は時空から物質までを統一的に記述する可能性のある理論であることがわかったのです。

その一方で、超ひも理論を定義する方法自身に限界があることもわかりました。ふつう、超ひも理論は「摂動論《せつどう》」とよばれている方法によって定義されますが、この方法では理論を完全には表せないことがわかったのです。それ以来、摂動論を超えた完全な定式化が求められてきましたが、１９９５年から数年間で第二の発展がありました。すなわち、摂動論では表せない現象のいくつかが近似的にではありますが、具体的に記述できるようになったのです。これはDブレーンやM理論とよばれているものです。これをさらに推し進めて、ひも理論を完全に定義しようという試みがなされてきましたが、その有望な候補が行列模型です。

行列模型は単純な形でしかも大きな対称性をもっている美しい理論ですが、残念ながらいろいろな量を計算する有効な手法がまだ見つかっていません。そのため、現在の行列模型が自然界を正しく記述しているのか、あるいは修正を加える必要があるのか、今のところ答えることができません。このような困難もあり、ここ2、3年は超ひも理論の発展は少し壁にぶつかっているようです。しかしながら、これは究極の理論に到達するための最後の小さな壁であり、これから勉強をはじめる人たちには大きなチャンスなのかもしれません。

本書は3年前に講談社から出版された『マンガ超ひも理論』の姉妹編ともいうべきものです。これは、超ひも理論の現状をできるだけわかりやすく世に伝えたいという高橋繁行さんのお考えに共鳴してできたものでした。今回も動機は同じですが、もう少し教科書的なまとまった形にしたいと思いました。前回とおなじく、高橋さんのご質問に私がお答えし、それを高橋さんご自身の言葉と図解でまとめられたのが本書ですが、科学者とジャーナリストの合作といえると思います。また、講談社の阿佐信一さんは本書の企画・編集をされたのみならず、高橋さんの取材にも同席され貴重な質問やご提案をいただきました。
最後になりましたが、この場をおかりして感謝したいと思います。

２００５年９月　京都にて

川合　光

目次

付録

図解・構成・コラム／高橋繁行

序章　「超ひも理論」で何がわかるか

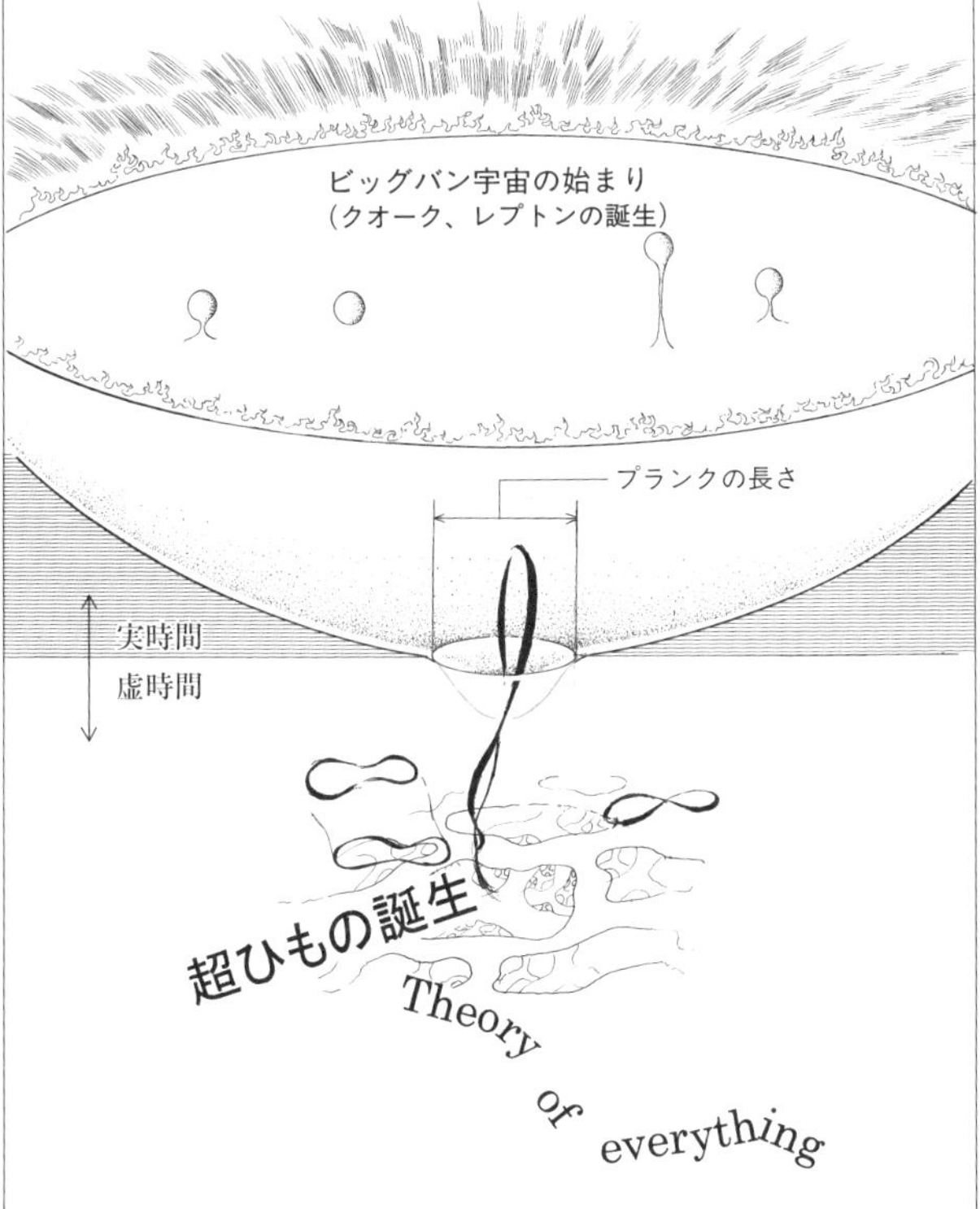

現在までの素粒子物理学から考えられる宇宙誕生のイメージ。超ひも理論では、「プランクの長さ」程度のごくごく小さなスケールから宇宙が始まったと想定する

宇宙創成のイメージ

最初に左の「宇宙創成図」をご覧いただきましょう。専門的用語は気にせず、まず大ざっぱに絵を眺めてください。

円錐形《えんすい》に描かれた図は、私たちの住む宇宙の始まりから現在までのシナリオ図です。本書は物理学の究極理論としての「超ひも理論」(Superstring Theory) をわかりやすく説くものですが、この図はその説明のためにも、今後たびたび用いられます。ですから、まず大まかにこの図を眺め、宇宙創成の描像を頭のなかにじんわりと定着させてください。

円錐の各断面には、その時々による宇宙の姿が描かれています。宇宙は3次元(時間も含めれば4次元)ですが、それを面という2次元の世界に閉じこめているわけです。全体が円錐形なのは、私たちの宇宙は膨張することによってこんなに大きくなったので、過去へ過去へとさかのぼることはより小さかった(円錐形の断面の小さな)宇宙を見ることになるからです。

一番てっぺんの断面の大きな宇宙は、銀河と恒星によってできた現在の宇宙です。観測と理論計算によって、宇宙が生まれてから現在まで、およそ137億年たつことが知られています。宇宙の年齢は137億歳というわけです。ここから、円錐の切断面を徐々に下

図0-1　宇宙創成図

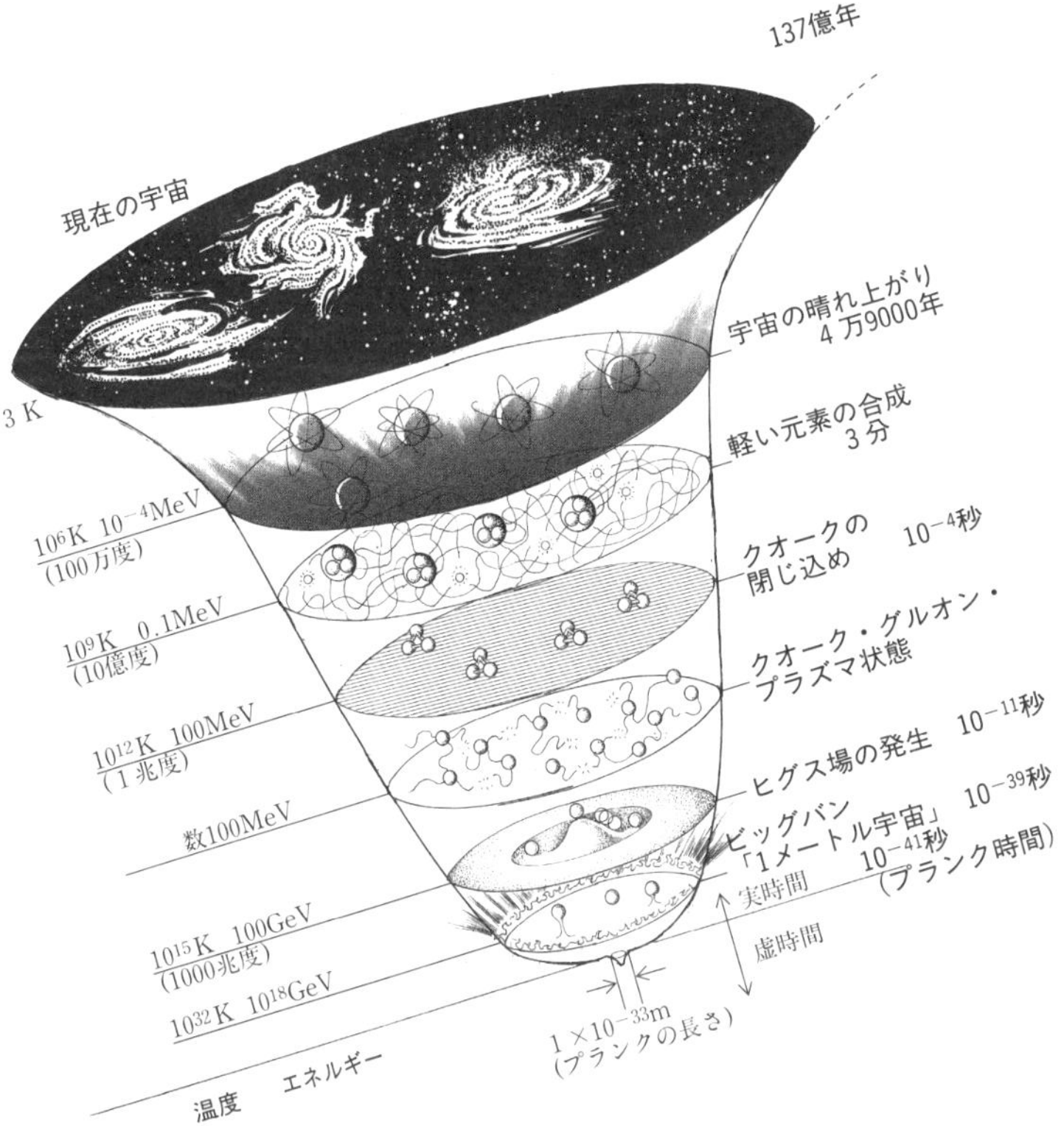

注：現在の宇宙の大きさは、非常に幅が大きいが、500億〜50兆光年と思われる。そのうち私たちが見ることができるのは、光が伝わってきた部分だけなので、100億〜150億光年程度ということになる

がることは、この宇宙年齢をさかのぼることになります。

その下のほうに「宇宙の晴れ上がり」と書かれた断面があります。時間はかなり大きくスキップしますが、宇宙年齢はこの時点で4万9000年、大きさは現在の天体宇宙の1000分の1といわれます。なぜ「晴れ上がり」かというと、ここから先は、光がまっすぐ進めなかったため、肉眼で——つまり可視光では——見えないからです。詳しくは第3章で述べますが、要するにここから先の宇宙は、肉眼では見えず、現代の素粒子物理学の理論計算によって見ることが可能になった世界だと理解してください。

その次の断面は宇宙年齢にして3分、ここで水素やヘリウムなどの軽い元素が合成されます。ここから先は、わずか3分のあいだに起こった宇宙創成の数々のドラマなのです。

大ざっぱにいうと、元素合成の前は、陽子・中性子の誕生、その前は陽子・中性子を構成するクオークがばらばらだった状態、そしてクオークやレプトンに質量を与える「ヒグス場」と呼ばれる場が発生したとき、さらにさかのぼると、高温のビッグバン宇宙にたどり着きます。おおよそこのあたりまでは、現代物理学の成果として確実にいえることになっています。そしてここから先は、理論によって異なってくるのですが、インフレーション的急膨張の直後、図では「1メートル宇宙」としたところで、物質（粒子）がはじめて誕生した、とされます。なお、ここを「1メートル宇宙」と名付けたのは宇宙の大きさが

図0-2 「真空」とは？

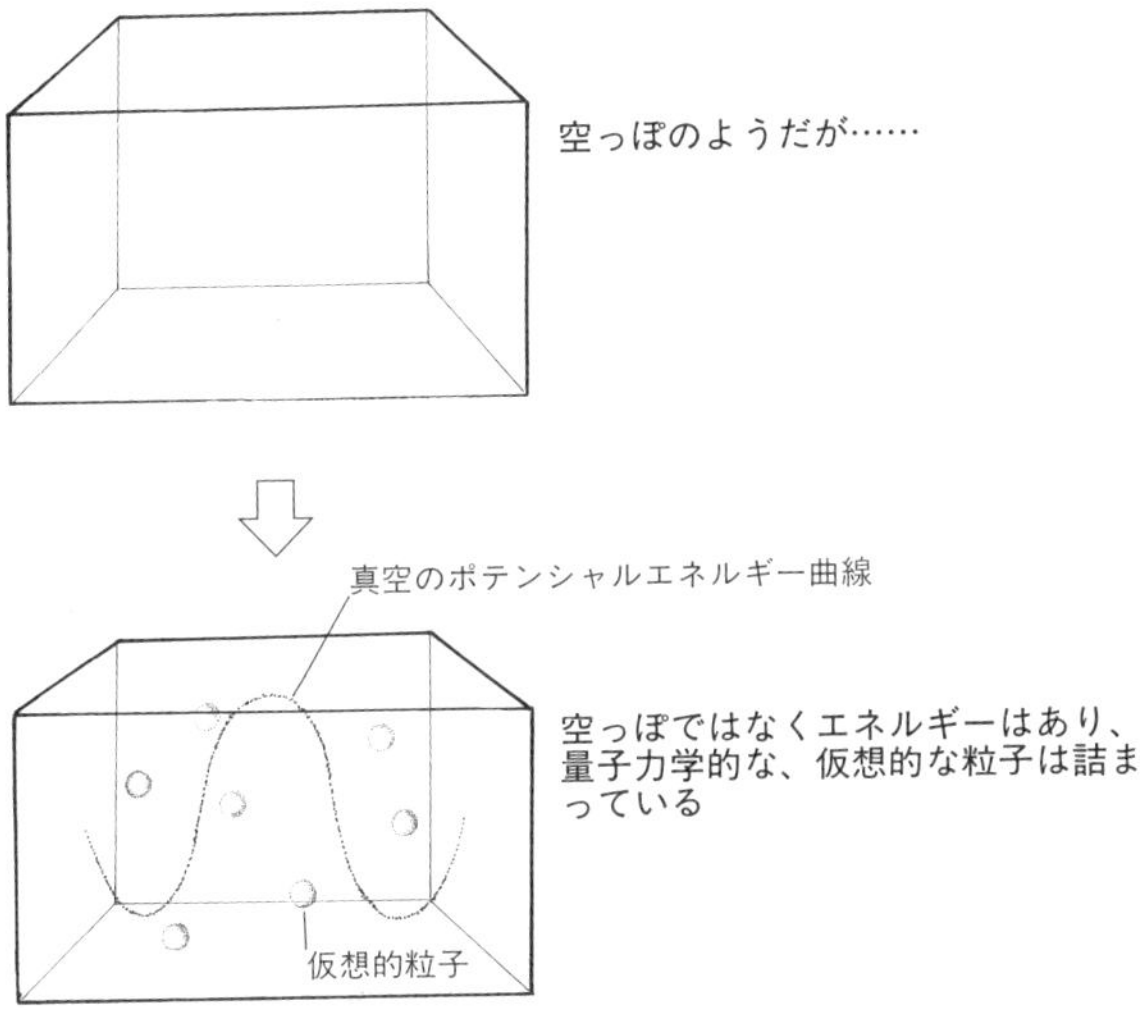
空っぽのようだが……
真空のポテンシャルエネルギー曲線
空っぽではなくエネルギーはあり、量子力学的な、仮想的な粒子は詰まっている
仮想的粒子

径1メートルという意味ですが、これは宇宙全体の大きさが現在目に見える部分の大ざっぱに100倍ほどであろうと仮定したうえで導いたもので、実際にはかなり大きな幅があることを承知しておいてください。

さて、では物質が誕生する前は、何があったのでしょう？ 現代の素粒子物理学のたどり着いた結論をいいましょう。それは、

「宇宙の初めには、何もなかった」

ということです。何もなかったとは要するに「真空」だったことを意味します。しかし真空とは、ふつうに思い浮かべるような「空

っぽ」ではありません。量子力学を扱う場合の真空とは、実在的には何もないが、エネルギーはあり仮想的な粒子が詰まっている、と考えるのです（前ページ図0-2参照）。

詳しくは第1章で述べるとして、宇宙創成図に戻りましょう。「1メートル宇宙」の下に、さらに「プランクの長さ」の宇宙が描かれています。とんでもなく小さな宇宙です。この直前までの宇宙観は、アインシュタイン方程式と、「ゲージ理論」と呼ばれる理論によって導き出されたものですが、「プランクの長さ」近辺から先は、この2つの理論では語れません。文字通り、アインシュタインを超えた世界が展開します。すなわち、それが、点粒子ではなく「超ひも」（superstrings）が存在する超ひも理論の世界なのです。

「超ひも理論とは何か？」という問いに一言で答えることは、さほど難しいことではありません。「ものの最小にして究極の構成単位はひも状の物質である、と考える物理理論」ということになるでしょう。超ひも理論の研究者は、この〈超ひも〉を、もうこれ以上は分割できない物質の最小単位であり、根源の姿であると認識しています。

高校までの物理学では、原子→陽子や中性子→クオーク、あるいは電子のように、物質の最小単位は粒子だと習ってきたと思います。しかし超ひも理論では、最小単位は粒子ではなく、うなぎのように1本に伸びたひもか、もしくは輪ゴムのように閉じたひもという形で存在し、同じ〈ひも〉の違った状態が、クオークや電子として見えているのだ、と考えるのです。ですから、私たちのいまいる世界でも、ものの究極の構成単位として超ひもがあるのだ、ということになります。

「4つの力」が統一できる

超ひも理論が完成すると何がわかるのでしょうか？　いくつかありますが、まず物理学者の長年の悲願だった「重力問題」が解けます。

重力といえば、ニュートンの有名な万有引力やアインシュタインの一般相対性理論がありますが、これらの法則が通用するのは、質量のあるものどうしが比較的長距離に離れている場合に限られていました。ものどうしが非常に近距離に接近すると、ニュートンやアインシュタインの力学は通じなくなります。そして量子力学によっても、うまく記述することができないという問題が起きました。

この重力問題は、20世紀の量子力学の専門家をたいへん悩ませました。自然界にある「4つの力」の根源をさかのぼり、4つの力が実はもともと1つの力だったという「統一理論」を理解するうえで、重力問題が大きな壁として立ちはだかったのです。

自然界には大きく分けて、「重力」、「電磁力」、「弱い力」の相互作用、「強い力」の相互作用の4つの力があると考えられています。重力はエネルギーをもつものすべてのあいだに働く力、電磁力は電荷のあるものどうしに働く力、弱い力は中性子のベータ崩壊現象などで知られる力、強い力はクオーク間に働く力です。

20世紀の量子力学では、これら4つの力を統一されたもの——もともとは同じものだったのが宇宙の成長のどこかで枝分かれした——として理解しようという試みがなされてきました。まず「電磁力」と「弱い力」が「電弱理論」として統一されます。その後、「強い力」も「量子色力学」という理論によって電弱理論と同様に理解できることがわかりました。これを「標準模型」といい、すでに実験によって正しさを裏付けられています。さらにこの電弱理論と量子色力学を統一しようというのが「大統一理論」です。これは実験的に検証されてはいませんが、理論としては4つの力のうち3つまでを統一的に理解できるようになりました。ところが、残る重力だけは、どうしても標準模型のように記述することができなかったのです。

超ひも理論は、この重力を他の3つの力と統一的に理解することができるのです。これについては主に第2章で述べることにします。

宇宙の謎が解ける

超ひも理論が解けると、宇宙の起源の謎も解ける可能性があります。図0-3を見てく

図0-3 「プランクの長さ」から「1メートル宇宙」へ

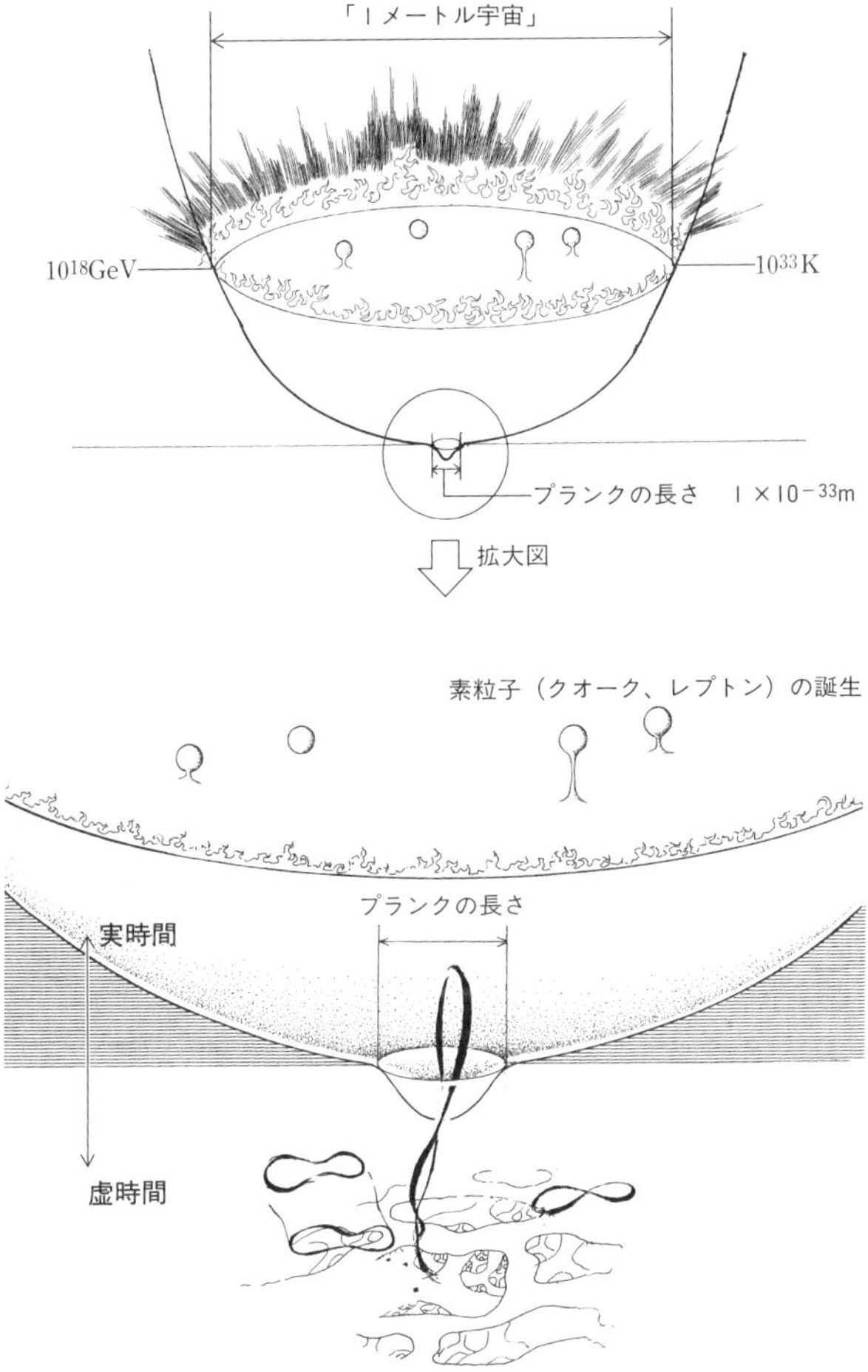

ださい。「プランクの長さ」の宇宙の下のほうは、なにか泡かユニットで区切られたような空間があって、そのなかにひもが泳いでいるようなイメージです。

プランクの長さというのは、量子力学の祖ともいうべきドイツの物理学者、プランクの導き出したスケールのひとつです。物理学の教科書や辞典などには1.616×10^{-35}メートルと書かれていると思いますが、実はこれは点粒子のイメージで計算されたもので、ものの最小単位を広がりのあるひも状のものと見る超ひも理論では、桁が2桁ほども変わってきます。また研究者によっても異なってくるのですが、いずれにせよ、係数の値まで云々するような精密な議論をすることに意味はありません。ですから、本書では10^{-33}メートルとしておきます。これは1メートルの1兆分の1の1兆分の1の10億分の1という、気の遠くなるような短い長さを表します。

プランクの長さは、ミクロの世界を記述する量子論を特徴づける有名な定数「プランク定数」（h）をプランクが発見したとき、ニュートンの万有引力定数と光の速さ（秒速約3×10^8メートル＝30万キロメートル）との組み合わせからメートルという単位をもつ量として導き出したものですが、後にはこれ以上短い長さでは時空は定義できないという限界値を表すことがわかりました（73ページ、コラム1参照）。

プランクの長さより短い長さはこの世に存在しないわけですから、この図のプランクの長さの宇宙の下に描かれた図は、あくまで便宜的に描かれたものにすぎません。いずれにせよ、ここで仮想的なひもが誕生してうようよと泳いでおり、そのうちの（おそらく）1つが、なにかの拍子に宇宙のタネ——と呼んでいいでしょう——として「ぷっ」と、プランクの長さの宇宙に生まれたらしいことが、現在までの超ひも理論から予想されます。

　超ひも理論は、アインシュタイン方程式では解けなかったこの領域の謎を解き明かし、具体的な描像を示せる可能性があります。また、この領域では時間にも、これまでとは質的に違った変化が起こります。図に「↑実時間」、「虚時間↓」と書いています。それまで時間というのは、過去から現在、未来へと一様《いちよう》に滑らかに流れていると思われていたのに、ここから先は、時間が〝虚〟になるということを表しています。さらに、この領域では、2倍の時間がたったと思ったら実は$\frac{1}{2}$の時間しかたっていなかった、というような不可解な現象も起こりえます。

　このように「時間が虚になる」ということも、なかなか理解しづらいことと思います。そこで本書では、物理学者が時間をどのようにとらえ、時間の謎を解くために理論をどのように役立ててきたかについても触れたいと思います。

　超ひも理論の定式化が最終的に完成した暁には、私たちのよく知っている一方的に流れる時間というものがなぜ、どのようにして生まれたかという「時間の起源」の謎も、解き明かすことができるようになるでしょう。

セオリー・オブ・エブリシング

超ひも理論は、自然界のあらゆる力学現象が説明できる理論という意味で、物理学における最終理論になるのではないかと期待されています。

その意味では、先に宇宙の起源の謎が解ける可能性があるといいましたが、同様に宇宙の終わりについても正しい理解が得られる可能性があります。

宇宙の終わりの姿については現在、宇宙論の専門家が、さまざまな見解を発表しています。そのうち有力なもののひとつに、宇宙は収縮に転じ、ビッグバンが1点から始まったのと同様に1点に収束し、やがて無に帰するだろうとする終末論があります。これを「ビッグクランチ」といいます。実のところ、本当にビッグクランチを迎えるのか、それとも膨張を続けるのか、あるいは一定の広さを保ってゆくのか、はっきりしたことはわかっていませんが、超ひも理論ならば解ける可能性があるのです。

冒頭に述べた初期宇宙の姿も、根底から覆《くつがえ》る可能性があります。もしかすると、私たちの宇宙の前に、別の宇宙があったかもしれない。実をいえば、われわれ――私、京都大学基礎物理学研究所の二宮正夫さん、京大大学院理学研究科の福間将文さんの3人――は現在までに到達した超ひも理論を駆使し、その理論計算もしています。その計算によれば、私たちの宇宙はビッグバン―ビッグクランチ―ビッグバン―ビッグクランチ……というサイクルを約30~50回繰り返した後の宇宙である、という結果が出ているのです。これを宇宙が複数世代をサイクルするという意味で、「サイクリック宇宙」論といいます（このサイクリック宇宙論は、まだ社会的に認められた確固たる理論とはなっていません。もちろんそれなりの自信はあるのですが、本書は基本的には物理学を学ぶ大学生の教科書ともなるものにしたいと思っていますので、この理論については「付録」として、巻末で紹介することにしましょう）。

超ひも理論はまた、現在の完成した理論である「標準模型」の正しさを、もっと高所から検証する機会にもなりうると思います。標準模型は、自然界の4つの力のうち3つまでを完全に記述することのできた、非常に優れた理論ですが、その理論を構築するために、数多くのパラメータを含んでいます。アップクオークとダウンクオークの質量、電子の質量などなど、何十個ものパラメータが挿入されている。言い換えれば、「それらの仮定された数値がいくらの値をとれば理論は正しい」といったふうに、「もし……ならば」という条件付き理論なのです（ここでパラメータについて少し説明しておきましょう。ある物理系の運動方程式は座標のなかで時間とともに動く力学変数とそれ以外のパラメータによって記述されます。たとえば、座標のx、y、zを力学変数だとすると、パラメータとは理論のなかで力学変数のように動かないで、その理論を特徴づける決まった重要な数を指します。その意味で、方程式のなかのニュートンの万有引力定数やあらゆる係数は、パラメータということができます）。

ところが、超ひも理論の鮮やかな点は、理論のなかに1個のパラメータも含まないというところにあります。言い換えると、1個のパラメータもない理論から、すべての物理量が説明できることになるのです。たとえば、クオークの世代数やそれぞれの質量、ゲージ群の構造、ニュートン定数まで、現在知られている物理量のすべてが、ひとつの理論から説明できることになります。そういう意味で、超ひも理論は、森羅万象のすべてを解く唯一の理論、すなわち「セオリー・オブ・エブリシング」（Theory of Everything）と呼ばれているのです。

超ひも理論を解く数学原理

これまで超ひも理論を定式化するための方法として、さまざまな数学的手法が考案されてきましたが、最終定義を完成させるための方法として、行列模型を使った計算法が有力視されています。われわれのグループによる定式化（IKKTモデル）も、行列模型を用いています。行列とは、数を正方形状、あるいは長方形状で表したもので、高校の数学でも習う計算法ですね。この行列模型を用いた数学は、ふつうの数学では成り立たない「非可換幾何学」という数学にも関係しており、複雑な超ひもの挙動の全貌を明らかにします。

ここでまたみなさんの困惑した顔が浮かびそうです。ふつうの数学でも難しいのに、超ひも理論はそれさえ成り立たないような数学を使わねば解けないらしい。物理学者とはよくよく難解なことを考える特別の頭脳をもった人たちらしいと。

しかし私自身のことをいうと、高校のとき数学はとくに好きというわけではありませんでしたし、物理学者を目指したのも、数学とはなんの関係もありません。私が物理学者になろうと思ったのは、小学校5年生の頃、アインシュタインの『物理学はいかに創られたか』という本（L・インフェルトとの共著、岩波新書）をたまたま読んだことがきっかけでした。書かれている内容がわかったはずもありません。ただ、非常に驚きました。自分でも何に惹《ひ》かれたかよくわからないのですが、自然の基本原理を知ることができたらどんなにいいかと興味が湧いたことだけは確かです。

大部分の物理学者にとって数学は、自然の基本原理の不思議さや美しさを解き明かすためのツールにすぎません。自然現象は私たちの想像を超えて不可解で不思議です。すでに述べた「真空とは空っぽだが空っぽでない」とか「超ひも理論では短い時間が長い時間に等しい」などのように、日常の暮らしで感じている常識からはとうてい受け入れがたい内容のものを含んでいます。そういうものに対して、物理学者は、数学を駆使しながら深く掘り下げ、考察を加えようとしているのです。

その際、数学は非常に便利です。複雑な自然現象を言葉で表そうと思うと、大変な労力を要しますが、数学を使えば同じことがたとえば1行で記述できたりします。数学はツールにすぎないといいましたが、そういう意味では、自然の基本原理を解く非常に強力な武器なのです。とはいえ、本書ではほとんど数式は登場しませんので心配はご無用です。

いずれにせよ、素粒子物理学者は、一見受け容れがたい不可解な自然現象に、とことん考察を加えます。本書のなかでも、真空の謎や虚時間の謎ばかりでなく、たとえば、風船を膨らませるのに空気を入れなくても勝手に膨張するような力学的現象がありうることを示していますし、手をパンパンパンと100回たたいていると、ある時1回くらいは両手がすり抜けてしまうような不可解な自然現象に遭遇することになるでしょう。

しかしそうした理解しがたいことを粘り強く考察することによって、物理学の大きな発展がもたらされ、自然への理解も進んできたのですから、読者のみなさんは、物理学者がいかに常識離れした結論を導き出そうとも、むしろそこにこそ物理学の面白さを見出していただけたらと願っています。

第1章　超ひもと素粒子

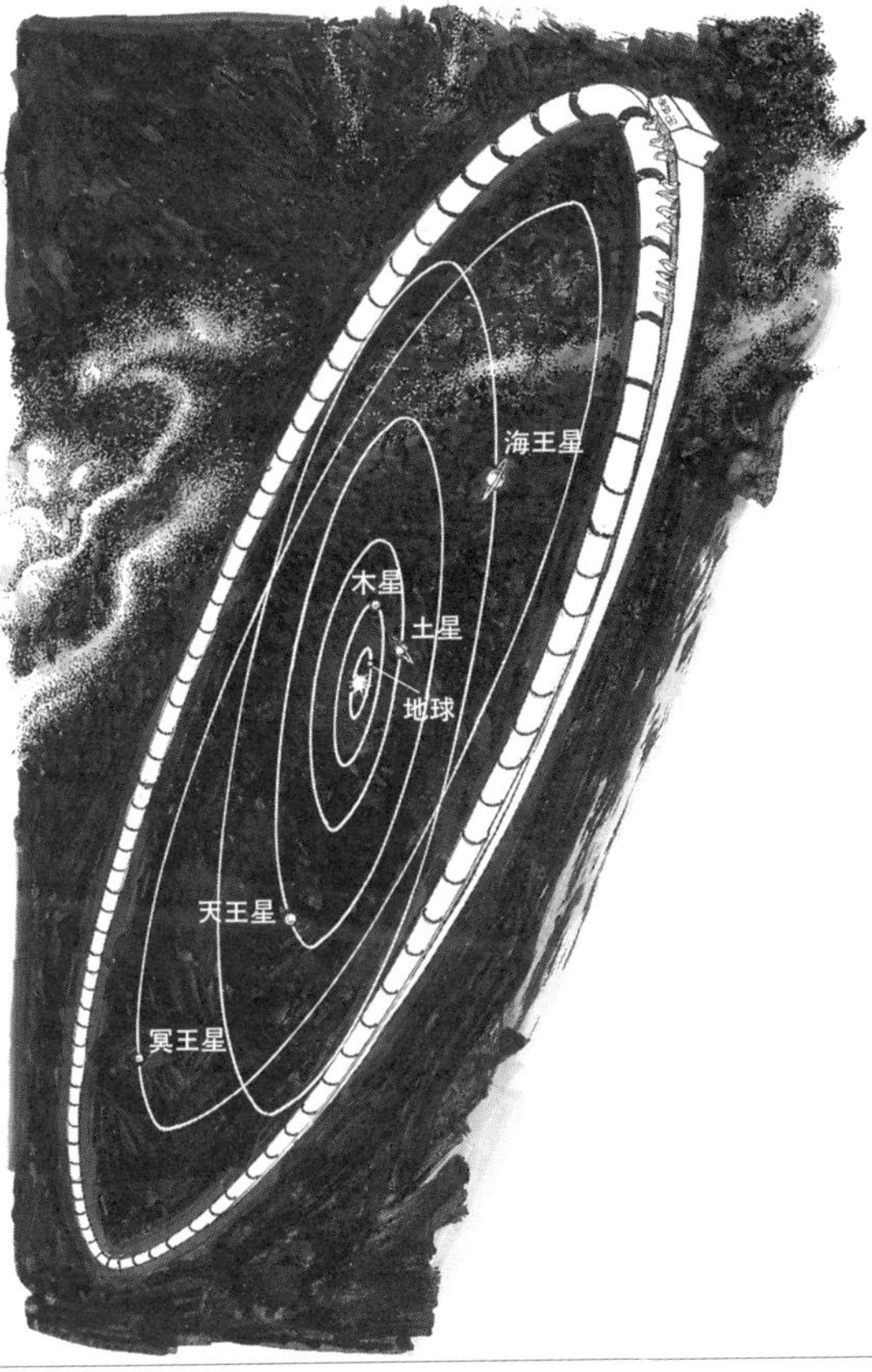

「ものをとことん細かく見る」ために、巨大な加速器によって高エネルギーで粒子を衝突させ、より微小な構造を調べる。しかし大統一理論(GUT)を実験で検証するには、現在の技術では冥王星の軌道よりも大きな加速器が必要になる

「超ひも」とは何か?

素粒子物理学者の仕事とは、簡単にいうと、「もの(物質)をとことん細かく見ること」です。どうするかというと、ものが存在する空間の1点をとことん細かく見ます。そうすることによって、分子が見え、原子が見え、原子核が見えます。原子核のなかには陽子と中性子があり、これらをあわせて核子と呼んでいます。さらに細かく見ると、核子を構成している基本粒子であるクオークが見え、最終的に超ひもが見えるのです。

序章で述べたように、われわれは、超ひもが、粒子よりも根源的な物質として実際に存在すると認識しています。しかし原子からクオークまでを素粒子と呼ぶように、物質の描像を粒子として描いてきたのに、ここでいきなり見慣れた粒子より広がりのある物質=超ひもを持ち出すことは、いかにも唐突な感じを受けるかもしれません。そこで、超ひも理論の研究者にとって、実際にひもがどのように見えているのか、難しいひもの挙動の計算法は抜きにして、説明しておきましょう。

これまでの研究成果として、超ひもには2種類の形状が考えられています。両端の開いたうなぎのようなひもと、輪ゴムのように閉じたひもです。これらが絶えず運動をしています。運動をせずに静止した状態にはなりません。

図1-1　超ひもの振動モード（開いたひもの場合）

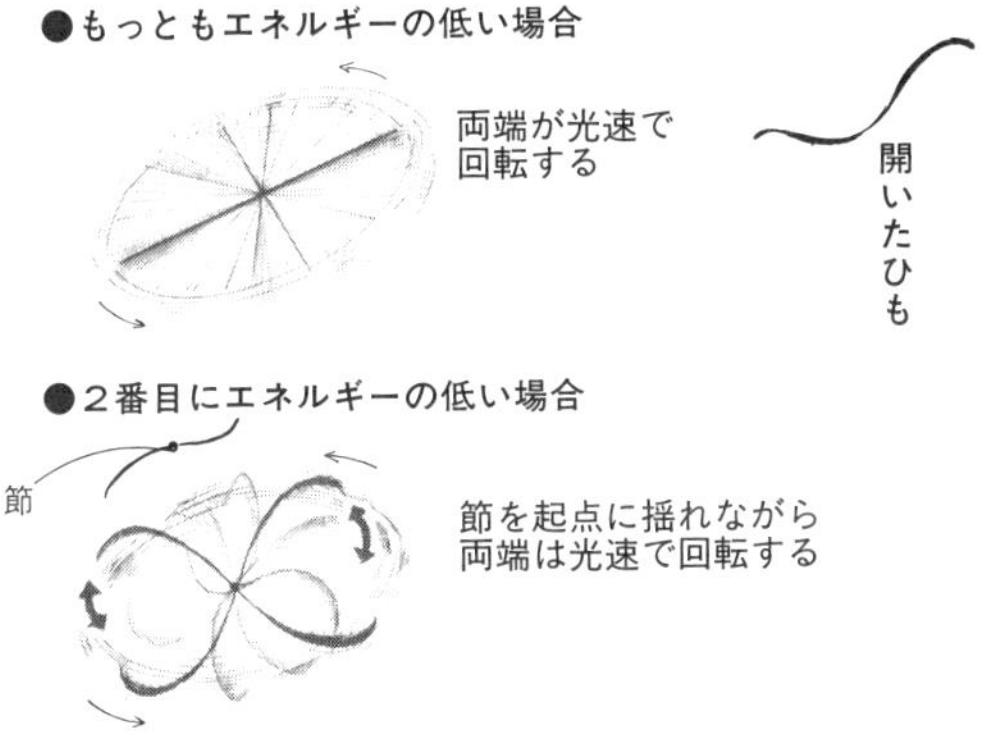
●もっともエネルギーの低い場合
両端が光速で
回転する
開いたひも
●２番目にエネルギーの低い場合
節
節を起点に揺れながら
両端は光速で回転する

では実際に超ひもは、どんな運動をしているのでしょうか。

まず、開いたひもの振動を見てみましょう。一番典型的な振動は、1本のひもの両端が1方向に光速でぶんぶん回転している、といったイメージです（図1-1）。

次に輪ゴムのように閉じたひもの振動です。一番典型的な振動は、次ページの図1-2のように、1点まで縮んだ小さな輪ゴムのようなひもが、ごわごわと膨らんだり縮んだりしながら振動します。しかしこの輪ゴムのひもにもう少しエネルギーを注いでやると、振動のモードが変わります。たとえば、輪ゴムが節をもつ振動を考えてやると、輪ゴムは縮んだり膨らんだりしながら、同時にいくつかの節をもって振動し、図のように、ひょう

図1-2　超ひもの振動モード（閉じたひもの場合）

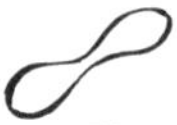

閉じたひもの場合

●もっともエネルギーの低いのは

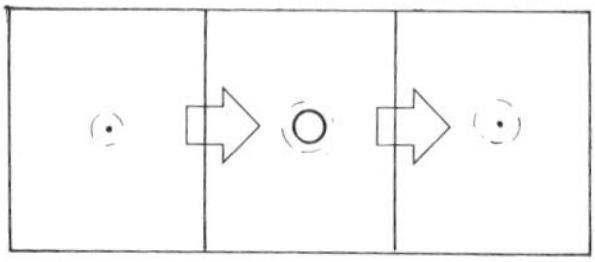

半径ゼロの輪ゴムのひもがふくらんだり元に戻ったりしながら振動する

●２番目にエネルギーの低いのは

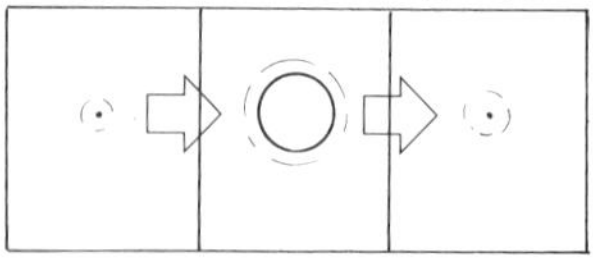

上の振動よりもさらに大きな振幅でふくらんだり縮んだりする

●閉じたひもに節が入った場合

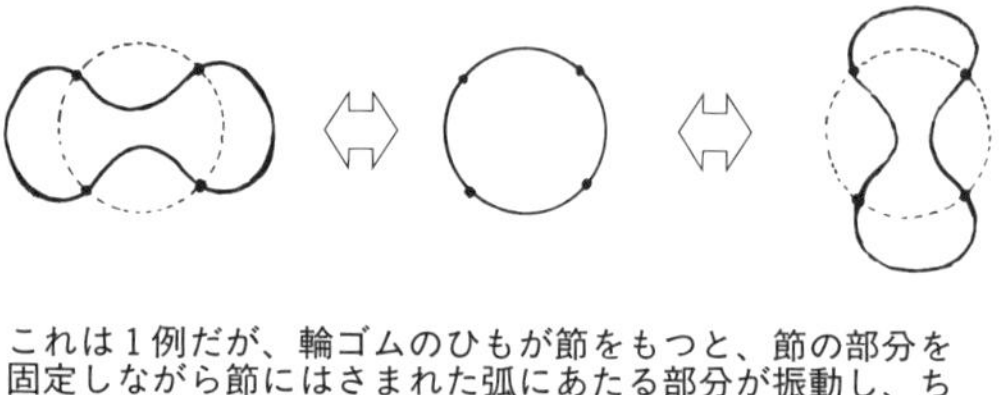

これは１例だが、輪ゴムのひもが節をもつと、節の部分を固定しながら節にはさまれた弧にあたる部分が振動し、ちょうどひょうたんが垂直方向と水平方向に交互に現れるような挙動になる。そして全体がさらに運動をする

図1-3　なぜ、ひもが粒子に見えるのか？

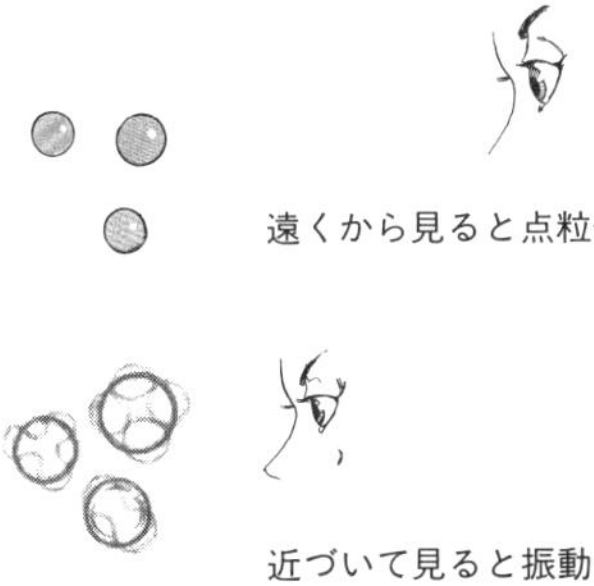
遠くから見ると点粒子に見えるが……
近づいて見ると振動するひもだった

たんのように変形しながら運動するのです。

もちろん、こうした超ひもの挙動は、厳密な理論計算から導き出されたものです。

ではこのように振動する超ひもが、どうして粒子に見えるのでしょうか。たとえ話をしてみましょう。道端に落ちている小さなごみは遠くから眺めると点粒子に見えますが、近寄ってよく見るとひもが風に逆巻いていた。そんな感じです。振動するひもを巨視的に眺めたら粒子に見えるというわけです（図1-3）。

さて、粒子という形状で考えられている物質の最小構成単位は、陽子、中性子といった核子を構成しているクオークと、電子やニュートリノなどのレプトンです。こうした、それぞれ性質の異なる個々の粒子と超ひもとは、どのような対応関係にあるのでしょうか。

超ひもはエネルギー状態によってさまざまに異なる振動をします。たとえていえば、太鼓をたたくとたたき方によっていろいろな音の違い＝振動モードの違いが出るのと同じです。その振動モードの違いによって、それぞれに異なる粒子として見え、異なる性質を現すのです。つまり、点粒子としてしか認識できないクオークやレプトンの正体は、1個のひもだった、ということです。

空間と時間をとことん細かく見ていくと

超ひもがどんなふるまいをするのか、おおよそイメージをつかんでいただけたと思いますので、この章の本論に入りましょう。

最初に述べたように、われわれ素粒子物理学者の仕事とは、空間の1点、あるいは何かの物質をとことん細かく見ることによって、物質の根源を探ろうとすることです。

それは、あなたの暮らしている空間に転がっているどんな物質でもかまいません。机の上の鉛筆でも、あるいはモナリザの絵の1点でもいい。たとえば、鉛筆の表面をとことん細かく見ていくとします。そうすると、鉛筆の表面をかたちづくっている分子が見え、分子を構成する原子が見え……といった具合に、最初は滑らかだと思っていた鉛筆の表面が、なにかごつごつした粒子の集まりだとわかってきます。

素粒子物理学者は「もの」だけでなく「時間」も、とことん細かく見ていきます。日↓時間↓分↓秒↓0コンマ1秒↓……と、時間をどんどん細かくしていくと、いったいどうなるでしょうか？

私たちは時間というものを、滑らかに切れ目なく、一様に流れているものととらえています。ちょうど鉛筆の表面のように。あるいは、滔々《とうとう》と流れる水のように。しかし時間もまた、細かく見ていくと物質と同様、ごつごつしたとびとびのものになっているのです。時間は決して滑らかに流れているのではありません。その時間の最小単位が、「プランク時間」と呼ばれる単位です。先ほどの「プランクの長さ」はプランクがメートルという単位をもった量として導いたものでしたが、こちらは同様に秒という単位をもった量として導き出されました。それはわれわれの計算では1×10^{-43}秒。とんでもなく短い時間です。そして時間はそれ以上、細かくは区切れないと考えられます。

時間をとことん細かく見ることは、同時に、時間というものが生まれる起源の世界までさかのぼることにもなります。

時間と空間との関係は、アインシュタインの一般相対論以来、それぞれ独立して流れるものではなく、時空として一体であると考えられています。ですから、空間を極小へ極小へとさかのぼることは、同時に時間をさかのぼることにもなる。言い換えれば、ものを細かく見ることは時空連続体を細かく見るということにもなるのです。

したがって、われわれ素粒子物理学者は、空間をさかのぼり、物質の根源を探るのと同時に、時間の根源の秘密を探ることも行っているわけです。

空間の1点をとことん細かく見ることは、宇宙の時間発展を逆向きに追い、ビッグバンの起こった創成期の宇宙までさかのぼることや、自然界の4つの力が統一された1つの力だった時代まで力の根源をさかのぼることと、実は同じ意味をもちます。宇宙という巨大なシステムを扱う「宇宙論」と、極小のものを見ていこうとする素粒子物理学が、結局同じ意味をもつわけです。

以上をまとめておきましょう。ものを細かく見るということは、結局、時空の各点を細かく見ていくことと同じだということ。そして、これ以上、時間も空間もさかのぼれないだろう、これ以上の細かい領域はないだろうと、行き着いた先に、超ひもがあったということです。

超ひもの「長さ」までさかのぼる

では実際にものを細かく見ていくことにします。どれくらい小さいかという目安になる尺度は、長さの単位です（図1-4）。

図1-4　ものを細かく見ていくと……

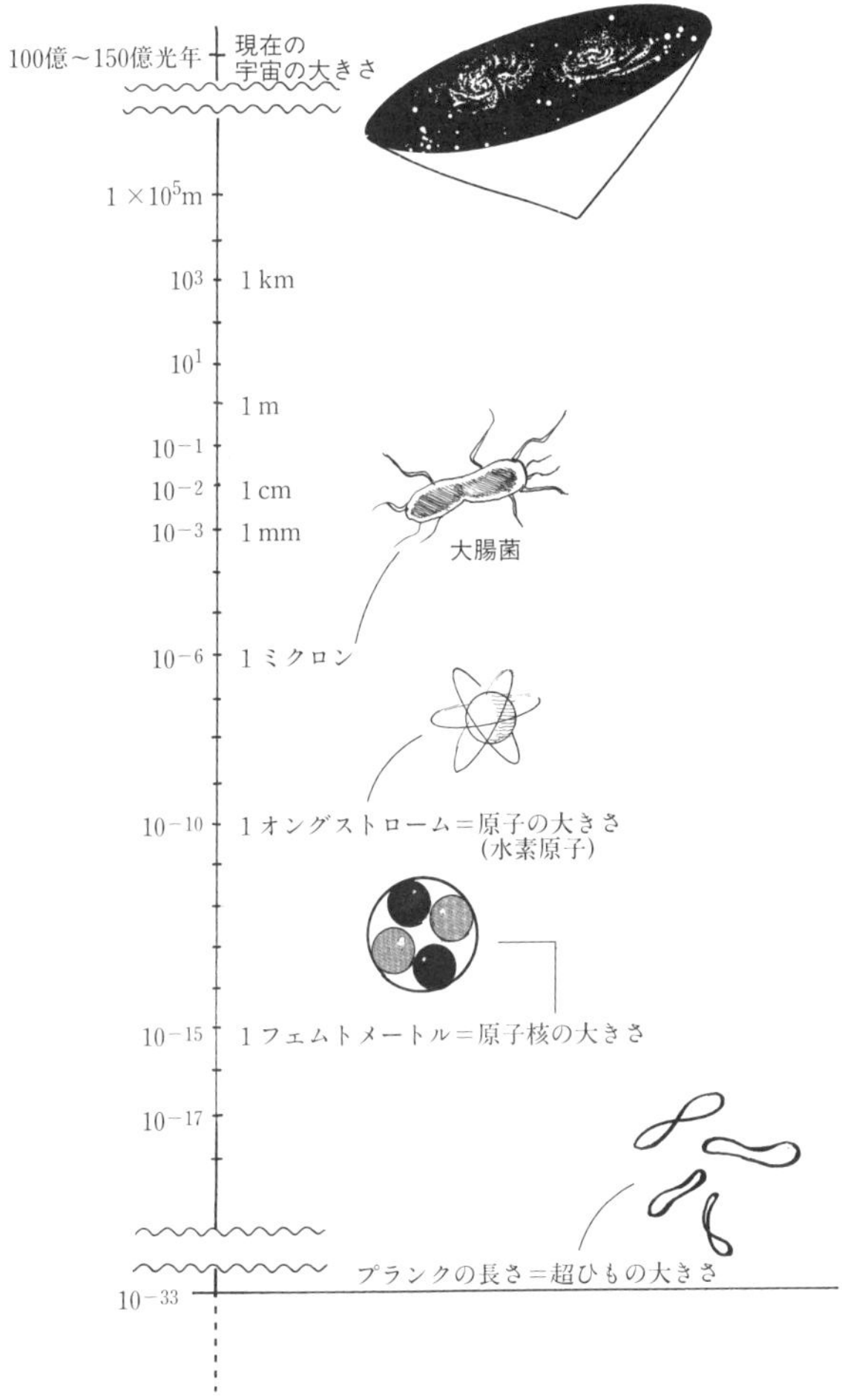
100億～150億光年
現在の
宇宙の大きさ
1×10⁵m
10³
1 km
10¹
1 m
10⁻¹
10⁻²
1 cm
10⁻³
1 mm
大腸菌
10⁻⁶
1 ミクロン
10⁻¹⁰
1 オングストローム＝原子の大きさ
(水素原子)
10⁻¹⁵
1 フェムトメートル＝原子核の大きさ
10⁻¹⁷
プランクの長さ＝超ひもの大きさ
10⁻³³

まず原子核と電子で構成された原子の大きさですが、その直径は水素原子で10^{-10}メートルといわれています。大腸菌の大きさがざっと1ミクロン（10^{-6}メートル）。10のマイナス10乗メートルとは、その1万分の1ですから、原子はずいぶん小さいですね。ちなみにこの原子の10^{-10}メートルという大きさは、1オングストローム（Å）とも呼ばれます。

次に原子核の大きさを見てみましょう。一番軽い水素原子の原子核は直径10^{-15}メートルです。原子の大きさのだいたい10万分の1というわけです。ちなみにこの10^{-15}メートルという長さは1フェムトメートル（fm）、またはフェルミとも呼ばれます。フェルミとは、原子核理論で有名な物理学者フェルミにちなんだ長さの単位名です。

つまり1オングストロームは原子の大きさ、1フェムトメートルは（水素）原子核の大きさと覚えておくと便利で、われわれもそのようにして記憶しています。

ところで、原子核は原子番号に応じて、中性子と陽子の数が増えていきます。言い換えると、原子核の大きさは元素によって大きさ（＝径の長さ）が異なるということになります。そのそれぞれの原子核のサイズですが、次のような一定の法則が知られています。

$$原子核の半径 = 1\,\mathrm{fm} \times (原子量)^{\frac{1}{3}}$$

原子量とは、原子核の陽子と中性子の数を足したものですが、たとえば原子量２３８の

図1-5　原子核のサイズ

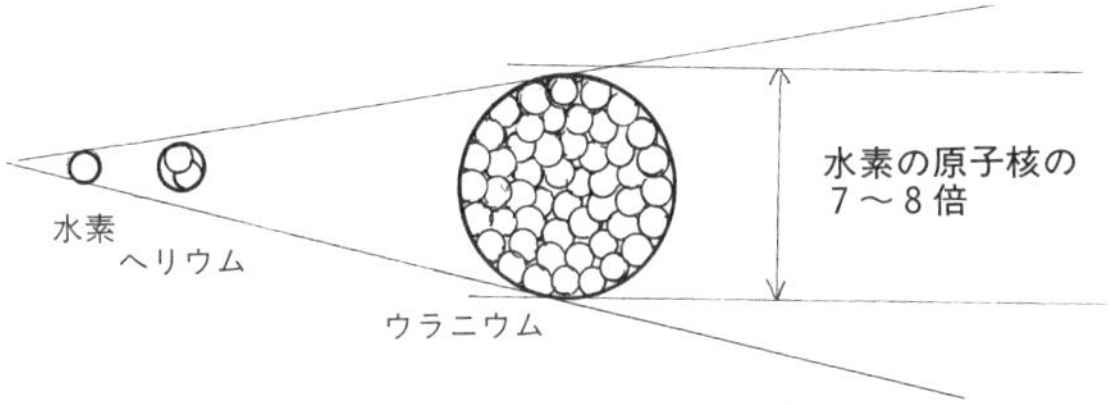

原子量（A）の原子核の半径＝1 fm×（原子量（A））$^{\frac{1}{3}}$

ウラニウムをこの式に当てはめると、原子核の大きさはだいたい7～8フェムトメートルということになります。水素は陽子1個の原子核でその大きさが1フェムトメートル、ウラニウムは陽子、中性子をあわせて238個の原子核の大きさがその7～8倍のフェムトメートルですから、原子核のなかの核子が隙間なくぎっちりと詰まったイメージになることがわかりますね（図1-5）。

さて原子核の核子をさらに細かく見ると、3個のクオークから成り立っています。このクオークの大きさは、10^{-17}メートルより小さい、というところまでしかわかっていません。現在の加速器実験による検出では、そこまでしか確認できないからです。

われわれ超ひも理論の研究者は、さらに根源的な物質として超ひもまでさかのぼります。超ひもの長さ（「輪ゴム型」の場合は径の長さ）はざっと、10^{-33}メートルと考えられています。換算してみるとわかりますが、水素の原子核の

1兆分の1のさらに100万分の1という、気の遠くなるような「短さ」なのです。

この10^{-33}メートルという長さは、先にも述べたように「プランクの長さ」と呼ばれます。プランクの長さとは、これ以上短ければ時空が定義できなくなるという、長さ（短さ）の限界に相当します。超ひも理論の世界は、私たちの住む時空をとことん細かく見た結果、その長さ（短さ）の限界までさかのぼることができたというわけです。

エネルギーの単位

素粒子の大きさの単位について述べましたが、そのような極小の長さを測るのに、まさか物差しを使うわけにはいきません。ものを細かく見るために、実際にわれわれはどのような方法で計測するのかというと、ものを結合させているエネルギーの大きさを見ていきます。たとえば、分子ならばそれを構成している原子どうしの結合エネルギーがわかれば、その段階での素粒子間のふるまいの力学がわかることになります。もう少しものを細かく見ていくと、原子ならば、原子核と電子の結合エネルギーがわかれば同様の力のレベルがわかることになります。

そして20世紀の量子力学の大きな成果として、ものを細かく見ていくことは、より高エネルギーで見ることに等しいということがわかっています。こういうミクロの世界までものを拡大して見るための実験装置として、素粒子物理に関心のある人なら、加速器という装置をご存じでしょう。あの加速器は、たいへんな高エネルギーまで加速した粒子と粒子をぶつけ、ミクロの世界の現象の発見に役立てられています。

序章の「宇宙創成図」(13ページ)をもう一度見てください。円錐形の横にエネルギーの値を記してあります。これは宇宙の成長過程をさかのぼればさかのぼるほど高いエネルギー状態であったことを示していますが、素粒子をより細かくさかのぼっていくほど、それを見るために必要なエネルギーの値が大きくなっていくことと同じ意味を表しています。

ここでエネルギーの単位について述べておきましょう。素粒子のエネルギーの単位は、エレクトロンボルト(eV)と表します。エレクトロンとは電子のことです。1eVとは、電荷eの粒子(電子)1個が、1ボルトの電圧で加速されたときに得るエネルギー量をいいます。大ざっぱにいうと、電子が原子核とくっついたり離れたりする化学反応は、このオーダーのeVで起こっており、eVは原子物理の標準的なエネルギー単位だといえます。

われわれの描く高エネルギーの領域も、このeVを基本単位として構築されています。たとえば、1eVの10^6倍(100万倍)の単位は、MeV(メガエレクトロンボルト)＝メブと表します。さらに高エネルギーになりますと、GeV(ギガエレクトロンボルト)＝ジェブで表します。1GeVは1eVの10^9倍(10億倍)に相当する高エネルギーなのです。

超ひものエネルギー

実際にエネルギーを高くしていくことによってものを細かく見ていくと、どんな粒子が見えてくるのでしょうか。また、それぞれの粒子間にはどんな力学が働いているのでしょうか。順を追って述べていくことにしましょう。

机の上に転がった鉛筆を細かく見つめれば、まず分子が、その次に分子を構成する原子が見えてきます。原子は、中心に原子核があり、その周りを電子が回っているという描像になります。そういうと太陽の周りを地球が回っているようなイメージを思い浮かべがちですが、それは違います。電子のような素粒子の運動には、位置と運動量を同時には決められないという、いわゆる「不確定性原理」が働きます。

位置と運動量が同時に決められない以上、原子核の周りを回る電子は特定の軌道を描くことはできません。なぜかといえば、電子の位置がここだと決めれば、その位置で電子がどれくらい運動しているか決められず、運動量がわかったと思えば位置が決められないわけですから。電子は原子核の周りで、ここかと思えばあちらといった具合に、神出鬼没に動いているとみなさなければなりません。言い換えると、原子の描像は、中心に原子核があり、その周りを濃淡のある電子の雲が覆《おお》っているといったイメージになります。雲の濃いところが電子の存在する確率が高いということを意味します。

電子と原子核は結合しています。電子のもつマイナスの電荷と、原子核を構成している陽子のもつプラスの電荷が引き合うからです。つまり、電子と原子核は「電磁力」で結びついたシステムだと言い直すことができます。その結合力の大きさは、先に示したエネルギー量、eVで表されます。たとえば水素原子の場合、電子と原子核の陽子の結合力は13・6eVだということがわかっています。

電子と原子核をくっつけている結合力は、同時に原子核から電子を引き離すときに必要な力と言い直すこともできます。ものを細かく見るとは、結合している粒子どうしを引き離して、より最小単位を見ていくことにほかなりません。そういう具合に、電子から引き離された原子核を見ると、次の段階の粒子間の力学が見えてきます。

原子核の内部には、プラスの電荷をもった陽子と電荷のない中性子がぎっちりと詰まっています。原子番号1番の水素には中性子はなく、1個の陽子だけで原子核はできていますが、元素の周期表で習ったように、各元素の陽子数は原子番号分だけ増えていきます。

中性子と陽子は核子と呼ばれています。それぞれの核子の結合力、言い換えると引き離す力は、数MeV（1MeVは10^6eV）といわれています。原子の結合エネルギーのざっと数十万倍ですね。これがいわゆる核反応のエネルギーと呼ばれるものです。原爆や原子力発電も、このような莫大な力を生み出す結合エネルギーを解き放ったものというわけです。

さらに細かく見てみましょう。1個の核子は、3個のクオークから成っています。クオークはどれくらいのエネルギーで結合しているかというと、核子の結合力よりさらにオーダーが2桁ほど上がり、だいたい0.1GeV～1GeV（ざっと数百MeV）くらいといわれます。

さて、ここからが「超ひも」の世界です。

現在までの物理学では、クオークが物質の最小単位とされていますが、超ひも理論はさらにミクロの領域の根源的な物質として、超ひもを見出しています。

その超ひもがうようよと存在する領域のエネルギーのオーダーは、10^{18}GeV程度と考えられています。なんとクオーク間の結合エネルギー1GeVの10^{18}倍です。

10^{18}GeVというのは、「プランクエネルギー」と呼ばれる、エネルギーにおける限界値のことです。プランクエネルギーとは、プランクの長さが長さ（短さ）の限界値であるのと同様、粒子のもつエネルギーがそれ以上高くなれば、その周りでの時空が定義できなくなる限界値のことですから、超ひも理論の世界は、私たちの住む時空をとことん細かく見た結果、その限界までさかのぼることができたと、ここでもいうことができるわけです。

図1-6　素粒子のサイズとエネルギー

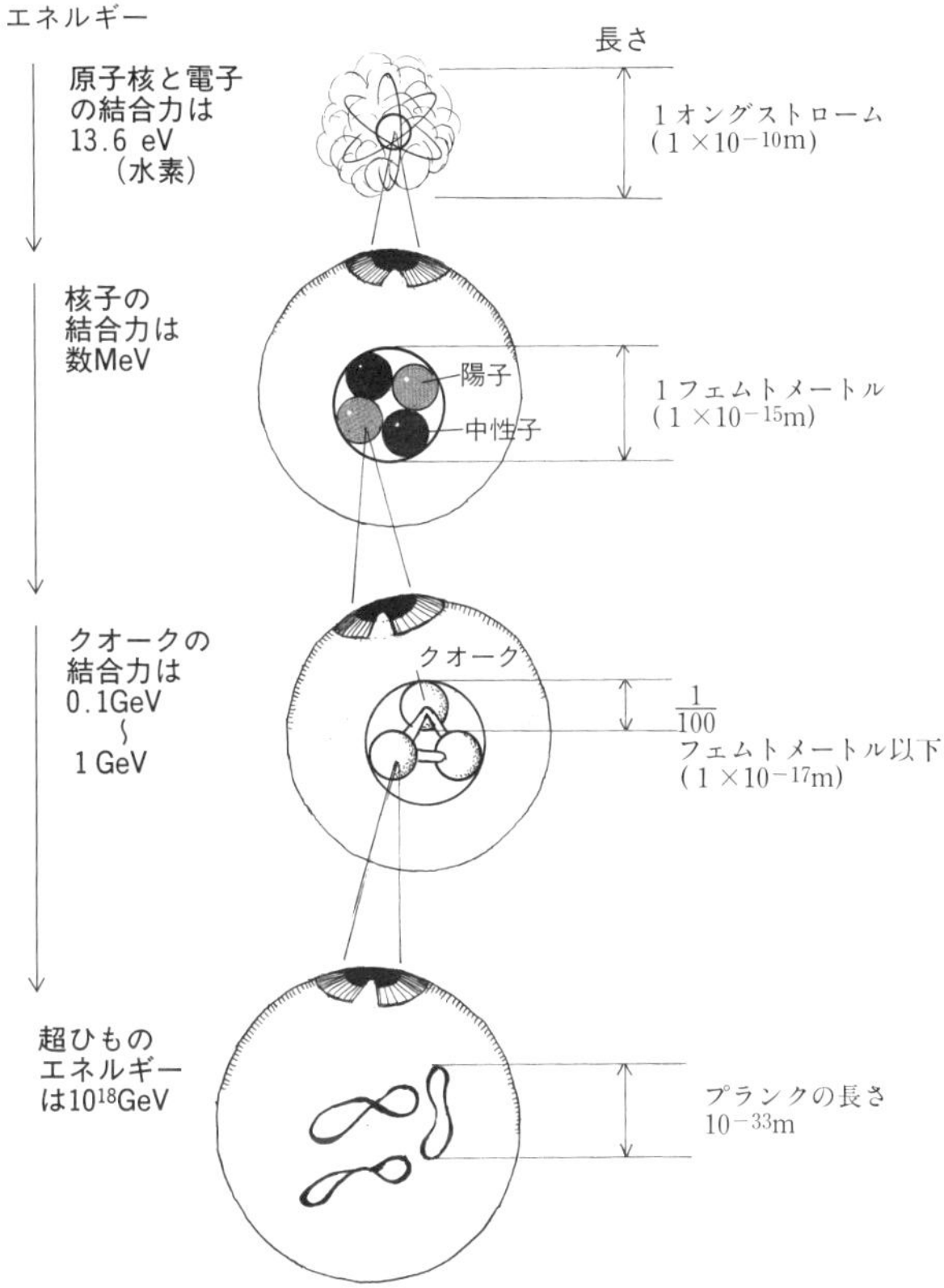

注：クオークは球体として描いたが、厳密には、現在の加速器で計測できるクオークの限界のサイズが1/100fmであり、そのレベルでは点粒子にしか見えていない。それでクオークの径は1/100fm以下とした

超ひもを解くハゲドン温度

ものを細かく見ていくための指標には、エネルギーのほかにもうひとつ重要なものとして、温度があります。この温度とエネルギーは比例関係にあります。

温度とエネルギーとの対応関係を示す換算式はすでにわかっています。それによると、

$$300\mathrm{K}=\frac{1}{40}\mathrm{eV}\quad(\mathrm{K}は絶対温度)$$

となります。序章で示した「宇宙創成図」（13ページ）を見てください。図の横に、温度とエネルギーの対応した表が書かれています。1eV＝1万2000K（Kは絶対温度）、元素が合成されるのは温度10^{9}（10億）K＝0.1MeV、……といった具合に、温度とエネルギーは、右に示した一定の換算率でだんだん大きくなっていきます。

このように、点粒子の理論では、温度は大ざっぱにいって粒子1個あたりがもつエネルギーのこととみなしてよいのですが、超ひも理論では、これは必ずしも成り立ちません。

粒子の場合は粒子1個あたりがもてるエネルギーはプランクエネルギーの10^{18}GeV程度が上限であるのに対して、超ひもではそれ以上のエネルギーをもちうるのです。というのは、ひもの形状ならエネルギーが増えた分、いくらでも延びることができるからです。

そして、ひもの場合はその延び方が何通りもあることによって、エネルギーが増えると

エントロピーを大きく稼ぎ出します。実はそのことが、とても重要な意味をもちます。

エネルギーを少し増やしたとき、それに対してエントロピーがどれだけ増えたか、という値は温度の逆数になります。すなわち、少しエネルギーが増えただけでエントロピーが大きく増大する超ひもの世界では、エネルギーがどんどん増えると温度の上昇はしだいに小さくなり、やがて上限値に達するのです。

この温度の上限のことを、発見者の名にちなんで「ハゲドン温度」といい、大まかにはこれをプランクエネルギーに対応した温度である「プランク温度」と同一のものと考えてさしつかえありません。

実際に宇宙初期にどのようなことが起こるかというと、たとえば超ひも1個あたりのエネルギーが10^{18}GeVを超え、プランクエネルギーよりも高エネルギーであるにもかかわらず、温度はそれ以上に上がらずハゲドン温度のまま――そんな事態が起こりうるのです。

このハゲドン温度は、巻末の「私たちは50回目の宇宙に住んでいる？」というサイクリック宇宙試論にも大いに関係がありますので、記憶にとどめておいてください。

超ひもの真空

20世紀の物理学は、その大きな成果として、物質の最小単位はクォークと呼ばれる素粒子だということを見出しました。その先に何があるかというと、われわれは超ひもを見出していますが、超ひも理論が生まれる前は、物理学者はどのように考えたのでしょう。

そもそも物質の最小単位であるクォークが生まれる前は何があったのか？　この問いはたいへんやっかいな問題を含んでいます。

子どもの頃、「宇宙のはじめの、そのまたはじめには何があったの？」という問いかけをして大人を困らせた人はいないでしょうか。考えられる答えとしては、何もなかった、無であるということでしょう。実在するものが何もなく無であったという答えは、神の領域の問題であり、歴史上、多くの哲学者を悩ませた哲学的、あるいは形而上学的な問題を含んでいます。

物理学者の見出した結論はこうでした。

序章でも述べたように、素粒子（クォーク）が誕生する前は、「何もなかった」（真空であった）と考えるのです。しかし真空といっても一般の人が考えるような「空っぽである」ことを意味しません。素粒子物理学者のいう真空とは、実在的には何もないがエネルギーはあり、仮想的な粒子は詰まっている、と考えるのです。

図1-7で示したように、時空を表す箱のなかは空っぽだが、エネルギーはあり、仮想的な粒子が詰まっています。箱の右側に描かれた真空のポテンシャルエネルギーの曲線と

図1-7　真空とは？

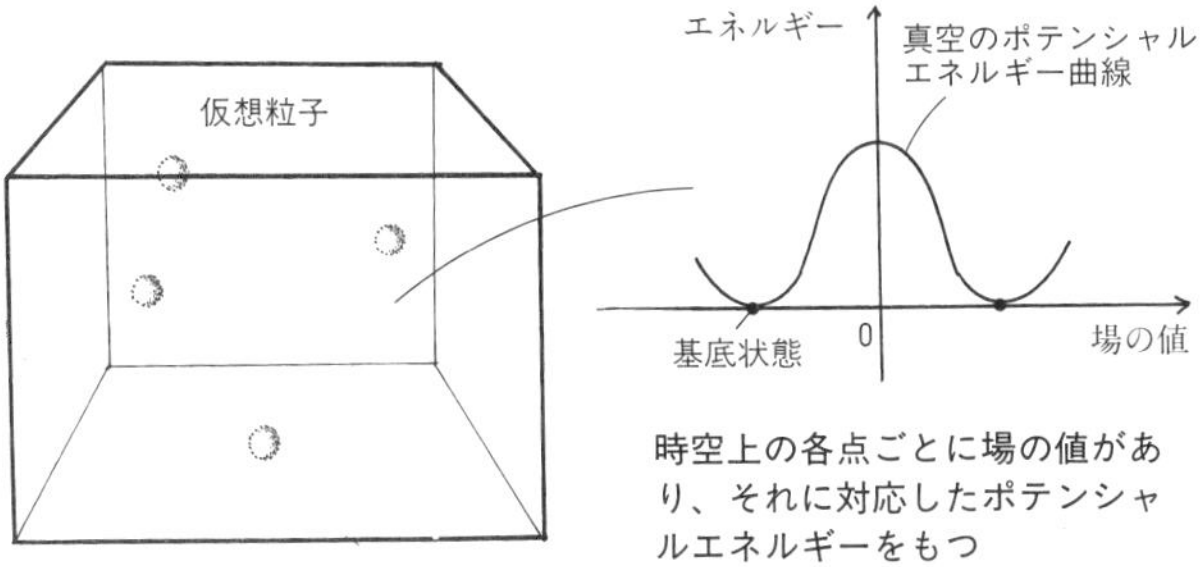

時空上の各点ごとに場の値があり、それに対応したポテンシャルエネルギーをもつ

いうのが、この時空のなかの各点のエネルギー状態を表しています。いま、エネルギーが曲線のてっぺんのエネルギーの高い状態から最低状態（図の「基底状態」）に移ると、そのエネルギーが解放され、実在の素粒子（クォーク）が振動し励起《れいき》され誕生する、というふうに考えるのです。

　言い換えると、量子力学的には、真空とは次のように定義されます。すなわち、

「真空とは、与えられたシステムでの、エネルギーの最低状態を意味する」

　その基底状態がなにかの拍子に励起され、素粒子が誕生するというわけです。

　この真空のアイディアは、超ひもの誕生にも用いられる重要な概念でもあります。なぜなら、超ひも理論でも、ひもが誕生する前は、クォーク誕生と同じように「その前には何があったのか？」という問

いかけが蒸し返されることになり、やはり空っぽ(真空)だが、エネルギーはあり仮想的な超ひもが詰まっていると考えることになるからです。それが「超ひもの真空」です。

クオークの不思議

ここで超ひもの話をする前に、しばらくクオークという素粒子の不思議な性質についてお話ししましょう。

クオークは、超ひも理論以前は物質の最小単位と考えられていた基本素粒子です。ちなみにクオーク以外には、電磁相互作用や「弱い力」にしか働かない基本粒子として「レプトン」と呼ばれている軽粒子があり、電子やニュートリノ、ミューオン、タウ粒子などがこれに属します。いずれにせよクオークとレプトンにはそれぞれ3世代6種類あることが知られています。ここではクオークについてだけ話すと、クオークの第1世代はアップクオーク(u)とダウンクオーク(d)、第2世代にはチャームクオーク(c)とストレンジクオーク(s)、第3世代にはトップクオーク(t)とボトムクオーク(b)があると考えられています。

ちなみにアップクオークはプラス$\frac{2}{3}$の電荷をもち、ダウンクオークはマイナス$\frac{1}{3}$の電荷をもちます。これがクオークの特殊性のひとつですね。核子のひとつ、陽子はアップ

図1-8　核子の電荷はクオークが決める

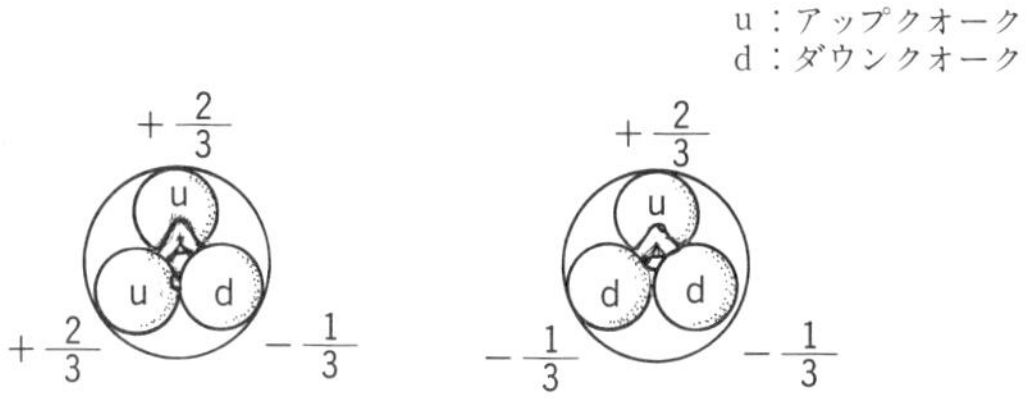

陽子（電荷1）　　中性子（電荷0）

クオーク2つとダウンクオーク1つが結合してできています。それぞれの電荷を足し合わせると、

$$(+2/3)+(+2/3)+(-1/3)=+1$$

の電荷となります。陽子がプラス1の電荷をもつのは、クオークの性質によるわけです。また中性子はアップクオーク1つとダウンクオーク2つが結合してできています。同様に足し算すると、中性子が電荷ゼロであることが説明できます。このように、核子の電荷の性質を決めるのは、クオークの電荷の特殊性にあるわけなのです（図1-8）。

このあらゆる素粒子のなかで最も根源的な物質＝クオークの性質と誕生のドラマを知ることは興味が尽きません。

超ひも理論を説く本書としては遠回りするようですが、クオークモデル発見の過程で見出された重要な概念は、超ひも理論でひものふるまいを理解するためにも応用されます。ですので、しばらくクオーク誕生のドラマにおつき合い願いましょう。

結論からいうと、クオークは、大きく分けて4つのステップを踏みながら、その性質を変えていきます。その誕生の4ステップを、エネルギーを上げることによって、(ビデオテープを逆回しするように）さかのぼってみましょう。

3個1組のクオークがくっつきあって陽子や中性子など原子核の核子を構成しているのが4つ目のステップ。つまりクオークが核子のなかに閉じ込められて安定した段階です。この安定した段階よりもエネルギーを上げてやると、3つ目のステップとしてクオークが不安定に動く激動期の状態に入ります。クオーク同士がねばねばした力線を伸ばし、互いに無秩序にくっつきあって、クオークがどろどろのスープのようになった状態になるのです。さらにエネルギーを上げると、2つ目のステップでは、単独で動くクオークの単体がはじめて質量を獲得する段階が見えてきます。そして1つ目のステップが、前項で述べたような、真空が励起され実在のクオークがはじめて誕生する段階です。

その4つのステップをもう少し詳しく説明しましょう。

第4ステップは、3個1組のクオークで核子をかたちづくる段階でした。ここでクオーク間に働く力の特殊性が見出されています。というのも、先に述べたように、原子核と電子はeVのオーダーのエネルギーで両者を引き離すことができます。原子核の核子もまた数MeVという核反応のエネルギーで核分裂させ、核子を取り出すことができます。ところが核子を構成する3個1組のクオークは、加速器でいくらエネルギーを注いで引き離そうとしても、クオークを単独で取り出すことはできないのです。これを「クオークの閉じ込め」と呼んでいます。これによって、クオークは核子や中間子のなかに閉じ込められ、安定した性質をかたちづくります（次ページ図1-9）。

しかしクオークを単独で取り出すことが原理的に不可能だとしても、もっと高エネルギーで温度も高かった宇宙にまでさかのぼってやれば、クオークどうしがくっつきあいどろどろになったスープ状態や、あるいは1個1個のクオークが単独で動いていた時期はあったはずです。次はそれについて述べましょう。

クオークのスープ

3つ目のステップとして、クオークの閉じ込めが行われ、陽子や中性子などの核子が、核子としての個性をもった時期よりも少しさかのぼった時代の描像を示してみましょう。エネルギーのオーダーでいうと、数百MeVくらいの段階です。

その頃の宇宙には、あっちこっちに陽子とその「反物質」である反陽子ができていただろうと考えられます。反物質とは、私たちの物質界の物質と、電荷などが反対で性質は同じもののことをいい、現在、反物質はありません。どうして私たちの物質界が物質だけに

図1-9　クオークの閉じ込め

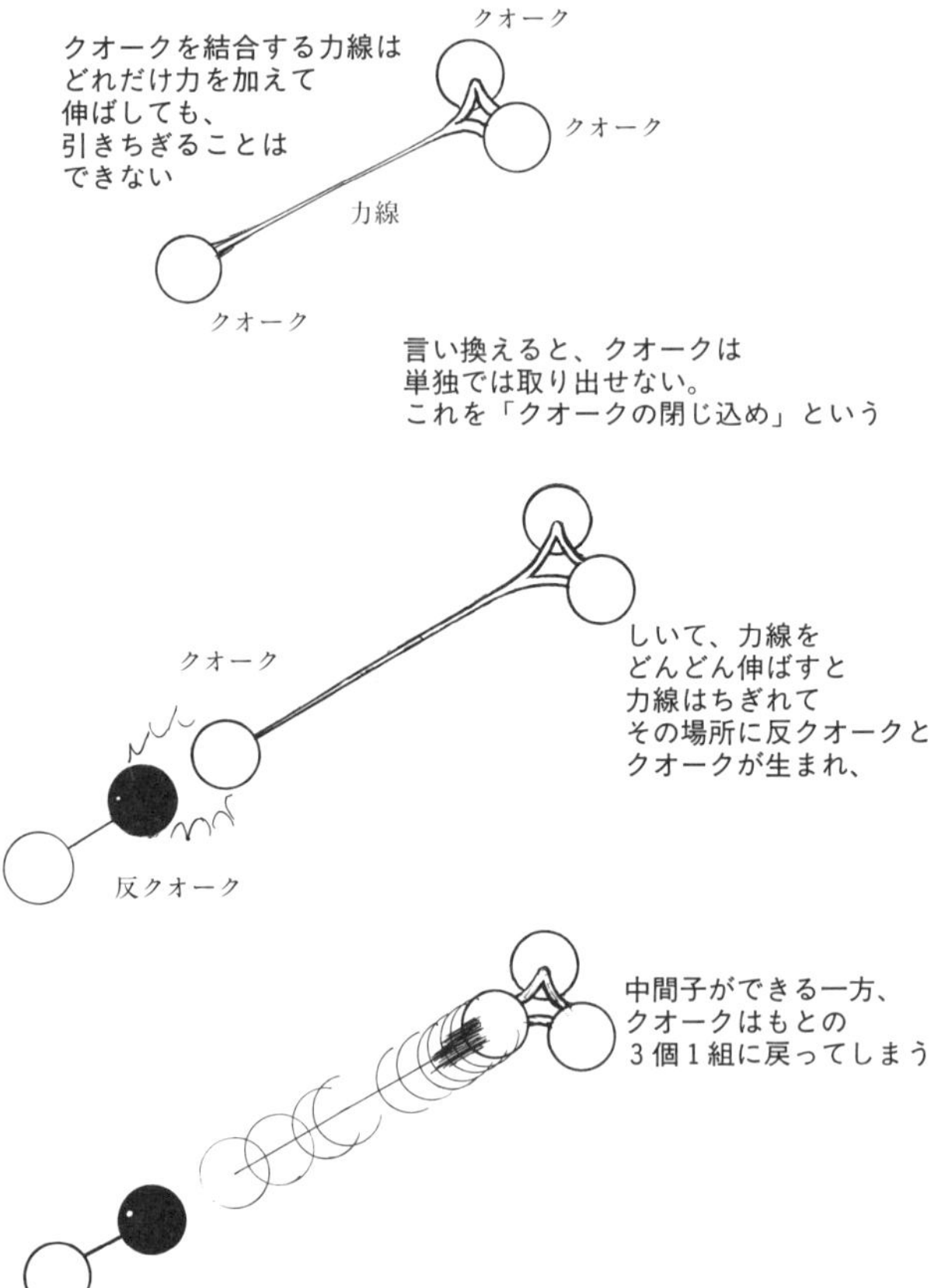
クオーク
クオークを結合する力線は
どれだけ力を加えて
伸ばしても、
引きちぎることは
できない
クオーク
力線
クオーク
言い換えると、クオークは
単独では取り出せない。
これを「クオークの閉じ込め」という
クオーク
しいて、力線を
どんどん伸ばすと
力線はちぎれて
その場所に反クオークと
クオークが生まれ、
反クオーク
中間子ができる一方、
クオークはもとの
3個1組に戻ってしまう

なってしまったかという説明として、物質と反物質がいわゆる「対消滅《ついしょうめつ》」をし、なぜか物質のほうが反物質より多かったために、物質だけが残った、と考えられています。対消滅とは、物質と反物質が相互作用して互いに消滅する現象を指します。ですから、宇宙の初期に陽子と反陽子がぼこぼことできる時期がまずあり、その後、対消滅を経て、現在の核子としての個性をもった陽子ができたのだ、とされています。

その、「陽子と反陽子がぼこぼこと生まれる時代」の宇宙の話です。陽子と反陽子には、それぞれクオークと反クオークが3個ずつ入っており、それらが非常に接近していると、陽子・反陽子の塊というより、それらが核子としての個性を失い、イメージ的には、もうクオークと反クオークが非常に接近してぐちゃぐちゃに混ざり合っているとみなしてよいような状態になっているといえます。それぞれのクオークと反クオークは力線を伸ばしてくっつきあったり、互いにくっつきあうパートナーをでたらめに変えたりします。クオークと反クオークの、いわばどろどろとしたクオークのスープ状態ということができます（次ページ図1-10）。それを専門用語では「クオーク・グルオン・プラズマ状態」と呼んでいます。

グルオンというのは「糊の粒子」という意味で、クオーク間に働く「強い力」の相互作用を媒介するゲージ粒子のことを指します。「クオーク・グルオン・プラズマ状態」は、

図1-10　クオークのスープ
（クオーク・グルオン・プラズマ状態）

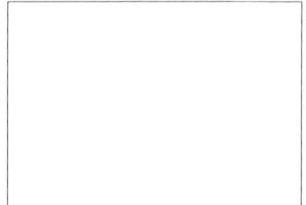

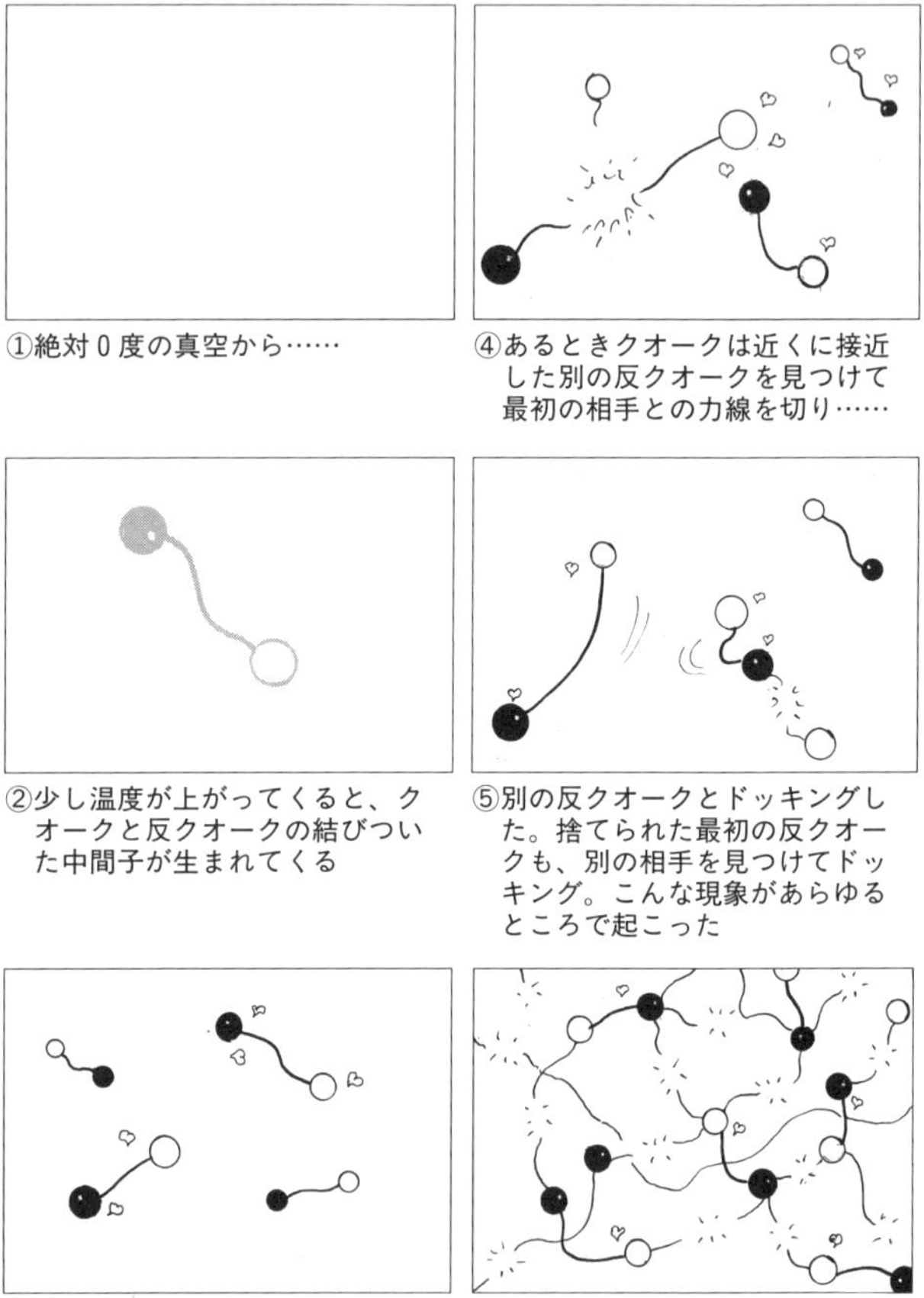

①絶対０度の真空から……

②少し温度が上がってくると、クオークと反クオークの結びついた中間子が生まれてくる

③さらに温度が上がると、クオークと反クオークのラブラブカップルがいくつもできる

④あるときクオークは近くに接近した別の反クオークを見つけて最初の相手との力線を切り……

⑤別の反クオークとドッキングした。捨てられた最初の反クオークも、別の相手を見つけてドッキング。こんな現象があらゆるところで起こった

⑥このような、クオークのスープ状態を、「クオーク・グルオン・プラズマ状態」という

クォーク間に働く強い力の相互作用を解いた「色力学」と呼ばれる理論の大きな功績のひとつですので、ゲージ粒子のことは第2章でもう少し詳しく述べることにしましょう。

はじめて質量を獲得したクォーク

どろどろにくっつきあったスープ状態（第3段階）のクォークからさらにエネルギーを上げてさかのぼってみると、2つ目のステップとして、クォークが1個1個単独で動いていた時期が見出せます。この第2段階で、クォーク自身に、劇的な事件が起こります。すなわち、クォークは、ここではじめて自分自身の質量を獲得するのです。

私たちは、人間に体重がない状態というものが考えられないように、物質に重さがない状態というものを想像することはできないでしょう。もちろん光子のように質量をもたない粒子も存在するにはしますが、クォークをはじめ大部分の粒子は質量をもっています。しかしそれは、最初からクォークが質量をもっていたわけではなく、クォーク誕生のドラマの過程で、質量を獲得したというわけです。いわばこの話は、質量というものが生み出される起源について物語っています。

そのクォークが質量を獲得するエネルギーのオーダーは100GeVであり、そのドラマが展開される「場」のことを専門用語で「ヒグス場」と呼んでいます。

ここで「場」（英語ではfield）について、ちょっとだけ説明しておきましょう。「場」というのは現代物理学を大きく発展させた重要な概念で、一般には理解しづらいとされているのですが、とりあえず、

「場とは、物質と物質とのあいだに相互作用を引き起こす空間の性質のこと」

と思ってください。どんな相互作用を起こすか、という性質によって、さまざまな「場」があります。

みなさんが聞いたことのある「場」のひとつに、「磁場」があるでしょう。これは、「彼は人を引きつける強烈な磁場をもっている」というように、ふつうの会話でも比喩的に使われます。「電場」とあわせれば「電磁場」です。この電磁場にあたるものが、19世紀後半、マクスウェルによって最初に提出された「場」の概念でした。

序章で紹介したアインシュタインらの『物理学はいかに創られたか』でも、この電磁場の理論をわかりやすく説明しています。この本では、いきなり電磁場の話をするのではなく、ニュートンの万有引力の例に置き換えて「場」の概念を解説します（図1-11）。

ふつう、万有引力を説明するときは、互いに離れた2つの球体を描いて、「万有引力は距離の2乗に反比例する」すなわち「2つの物体の距離が遠ければ遠いほど引力は小さい」と述べます。しかし、アインシュタインは右上の図のように球体を1つだけ描き、そ

図1-11 「場」とは何か？

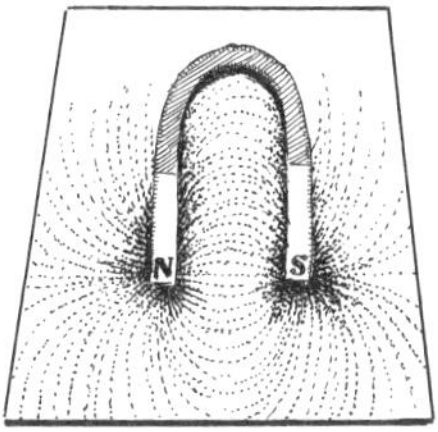

磁力線で表わされた
磁「場」

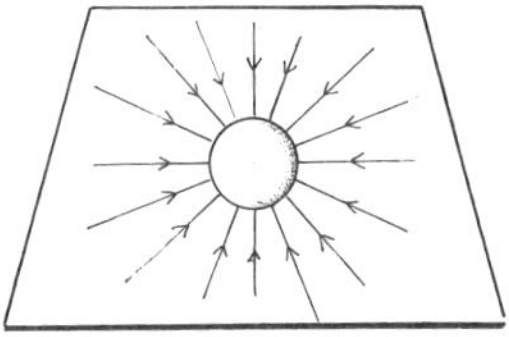

球をとりまく引力の力線が
表された重力の「場」

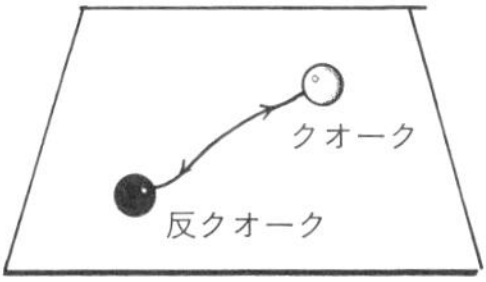

クオークと反クオークの力線
で表された、強い力の「場」

の円に向かって放射状に、何本もの長い矢印（力線）を描きます。すると、一見して、円に近い部分は矢印の密度が濃く、円から遠い部分はまばらになっているとわかります。この矢印（力線）の密度の濃淡が、そのまま万有引力（すなわち重力）の強弱を表しているというわけです。このとき、力線すなわち重力は球体にではなく、球体をとりまく空間にありますね。この空間にあるものこそが場であり、矢印＝力線はその場が起こしている作用の大きさと方向（ベクトル）を表しています。そして「場とは力線のこと」だと、とてもシンプルに説明するのです。これを少し拡張すると、場とは「時空の各点ごとにある量が定められたもの」ということになり、それが正しい定義です。

もちろん電磁場の力線はこれとは違います。棒磁石や電磁石の上に紙を置いて、その上に砂鉄を撒《ま》く実験を思い出してください。電磁場の力線、言い換えれば電磁場の大きさと方向は、数式で表すことができます。それがマクスウェル方程式です。

勘のよい方ならおわかりのように、アインシュタインの示した「球をとりまく力線」は、実は「重力場」ですね。重力＝万有引力は空間の歪みによる相互作用であるということを聞いたことがある人も多いと思いますが、アインシュタインが一般相対性理論の中で導いたアインシュタイン方程式は、別名「重力場の方程式」です。これは、重力場という時空の各点で定められた量を数式で記述したもの、ということになります。

ところで、「力線」という言葉は前項（53ページ）でも何気なく使いました。「クオークと反クオークは力線を伸ばしてくっつきあったり……」というくだりです。このときの力線とはクオーク間の相互作用のことで、「4つの力」のうちの「強い力」でした。この相互作用をつくりだしているのが「グルオン場」です。そして、これら4つの力をつくりだしている場のことを総称して「ゲージ場」といいます。

また、「物質場」というのもあります。光は、波（電磁波）であると同時に粒子（光子）でもありますが、電子も粒子として光子と同じような運動の性質をもちます。そのことから、電子のような物質もまた光と同様、粒子であると同時に波動としての性質をもつ（これを「物質波」といいます）のではないかという仮説が立てられ、その後、物質波の存在は実証されました。光は秒速約30万キロメートルという不変の速度で動くというのは、実は電磁場という「場」の性質であったわけですが、電子のような物質の運動も、時空を伝わる物質波、すなわち物質場の性質と考えられるわけです。われわれが通常「物質場」と呼ぶときは、この電子を含めたレプトンの場と、もうひとつ、クォークの場のことを指します。

このように「場」にはいろいろなものがあります。そして、それらは宇宙が「ぷっ」と誕生した瞬間から、さまざまなステージで次々に登場してきました。そのひとつに「ヒグス場」もあるのです。

さて、ヒグス場はスカラー場です。と、またしてもわけのわからない言葉が出てきましたが、そんなに難しいことではありません。「場」にはスカラー場とベクトル場があって、ベクトル場は電磁場の力線（矢印）で説明したように、大きさと方向をもつ「場」のことをいいます。それに対してスカラー場は、方向をもたず、時空の各点ごとに数（値）が導入されているだけの「場」のこと、と理解しておいてください。

このヒグス場も、最初は理論として導入され、これによって20世紀の量子力学は、「標準模型」と呼ばれる現時点で最も完成した理論を展開することができました。物質場やゲージ場に対するヒグス場の相互作用を導入させることで、素粒子のふるまいを数学的に記述し、自然界の「4つの力」のうち、重力を除く3つまでを記述することに成功するなど、非常に優れた成果をあげたのです。そして現在、ヒグス場の励起として現れる粒子、すなわちヒグス粒子発見の努力が素粒子研究の最大の眼目のひとつとして続けられていま す。発見の可能性は大いにあり、まもなくヒグス粒子の発見によってヒグス場の実在は実証されることでしょう。

ヒグスメカニズム

ヒグス場がどのような特徴をもっているかというと、「対称性を破りやすい性質」をもっています（「対称性」というのは素粒子物理学や素粒子宇宙論を理解するうえで非常に重要な概念ですが、それについては追い追い説明していきます）。

これについて、よくいわれるたとえ話ですが、ワインの瓶底をイメージしていただければわかりやすいと思います（図1-12）。ワインの瓶底は真ん中が山になっていて、周囲に裾野が広がったような形をしていますね。ヒグス場という場を仮に3次元で表すと、場の各点がポテンシャルエネルギーをもっていて、その高低がそんな形になっているのだと想像してください。

図1-12　ヒグス場とは？

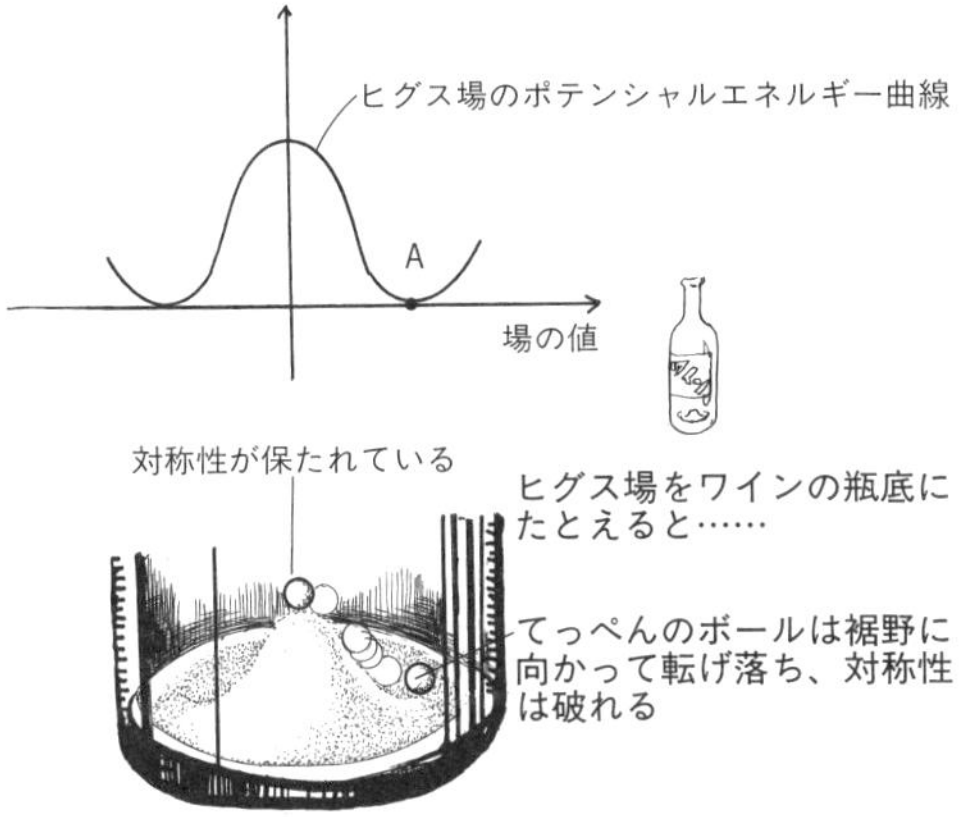
ヒグス場のポテンシャルエネルギー曲線
A
場の値
対称性が保たれている
ヒグス場をワインの瓶底にたとえると……
てっぺんのボールは裾野に向かって転げ落ち、対称性は破れる

この山のてっぺんは、裾野のA点が瓶底全体のなかの偏った位置にあるのに対し、どこから見ても前後左右に対称です。つまり山のてっぺんは対称性が保たれています。

いま、このてっぺんにボールを置いてみます。てっぺんは不安定なために、ボールはすぐに裾野のどこかに向かって転がりだすでしょう。言い換えると、てっぺんにあった対称性は破れてしまいます。ヒグス場は、そのように、対称性を破りやすい性質をもっているということができます。

このヒグス場と、クオークを記述する物質場とを相互作用させます。

「場」と「場」の相互作用、ということがわかりにくいかもしれません。別に、時空がいろいろな部分に切り分けられているわけではありません。時空のある1点を想定すると、その1点上のいろいろな場、すなわち重力場、電磁場、クォークの場などは、お互いの影響を「感じる」ことになります。その影響が場のあいだの相互作用なのです。

地球と太陽と月の運動方程式にたとえて説明しましょう。月の運動方程式は、ほかからの相互作用がないとすれば、まっすぐに進むだけの等速直線運動になります。ところが月の近くには地球があります。そうすると月は地球から万有引力を受け、月の運動方程式のなかに地球との万有引力の項が入ってきて、月の運動は等速直線運動ではなくなります。この月と地球の影響の受け合いが、相互作用です。ここにさらに太陽が入ってきたら、今度は3者で相互作用することになるでしょう。

いまは単純な月と地球と太陽の運動方程式にたとえましたが、「場」の状態というのは、時々刻々と変化しています。その時間発展の運動方程式を、われわれは「場の方程式」として表しています。それぞれの場の方程式の時間発展のなかで、互いに影響を及ぼし合ったとき、相互作用したということなのです。

ところで、このような場の相互作用は、超ひも理論でも同様に記述することができます。「ひもの場の理論」を模索する動きもあります。ただし私自身は、行列模型から出発すると、「素粒子の場の理論は、こういうことを『場』という説明のしかたで表していたのだ」ということが明快にわかるようになるのではないかと考えています。

話をもとに戻しましょう。ヒグス場がエネルギーの低い基底状態へ運動して対称性を破ったとします。それを、クオークの物質場で運動していたクオークが「感じて」、自分たちの性質を変える。それが相互作用です。そうすると、自分自身では絶対に対称性を破りえないクオークの物質場は、ヒグス場の対称性を破りやすい特異な性質の影響を受けて対称性を破り、その結果、質量を獲得するのです。この対称性を破る機構を、発見者ヒグスの名前にちなんで「ヒグスメカニズム」と呼んでいます。

素粒子の誕生

クオークがヒグス場との相互作用によってはじめて質量を獲得した第2ステップから、さらに高エネルギー・高温に上げて、いよいよ第1ステップへとさかのぼりましょう。ほかならぬ、クオークという基本粒子が誕生した時代です。

ここでのエネルギーは10^{18}GeVです。先に示した温度との換算式300K＝1/40eVで換算すると、温度は10^{33}K。エネルギーも温度も上限です。ここで、まさしく何もない真空から、クオークをはじめとする素粒子が誕生しました。たとえ話をすると、一面真っ白以外に何もないのっぺらぼうの餅から、丸い小餅をひねり出したように粒子が誕生した、ということができます。つまり、エネルギーはあるがのっぺらぼうの時空（真空）から小餅という実在の粒子が生まれた、というわけです。

もちろん、超ひも理論の立場でいえば、何もないわけではなく、超ひもが見えてくるはずです。しかし、粒子の描像で描かれた世界としては、これ以上さかのぼりようのない、まさしく物質が誕生した時代に相当します。

ここでの様子を描写するには、空間を細かく見るよりビッグバン宇宙をさかのぼったほうが説明しやすいので、宇宙創成図を用いて、宇宙初期の物質誕生の解説をしましょう。図1-13を見てわかるように、クォークなどの粒子が誕生した宇宙の広さは、径約1メートルです。もちろん、この大きさは宇宙の見えていない部分をどう考えるかによって大きくぶれるのですが、物質が誕生した瞬間の宇宙のサイズが、このようなオーダーの大きさだったというのは次のような根拠にもとづいています。

現在の地球には、3Kという温度で表された電磁波が宇宙のあらゆる方向からやってきていることが知られています。これは「3K宇宙背景放射」と呼ばれており、1965年に発見されましたが、宇宙誕生の様子を記述したビッグバン宇宙論の正しさの大きな根拠になっています。また現在、アメリカの衛星「WMAP」によって、この3K放射のゆらぎ具合が精密に調べられるようになり、いよいよ「晴れ上がり」になるまでの宇宙の発展

図1-13　インフレーション宇宙

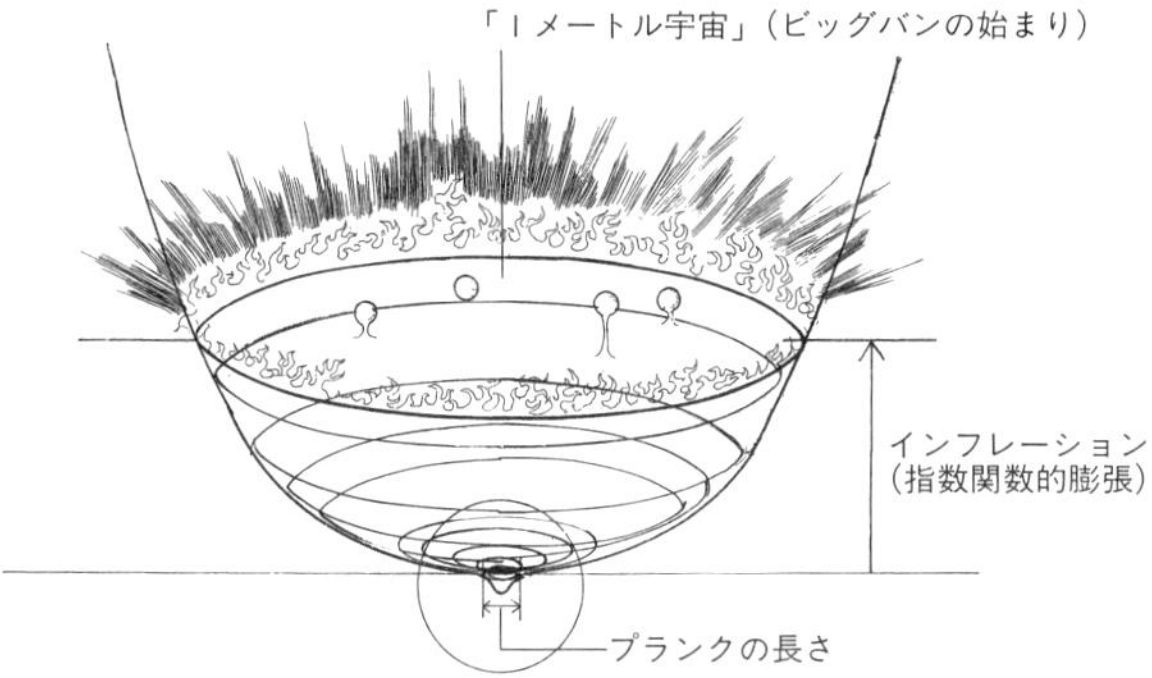

の様子がよくわかるようになってきました。

ここで疑問に思われる人もいるかもしれません。エネルギーや温度で表された数値が、プランクエネルギーに相当する上限値、10^{18}GeVであるにもかかわらず、なぜ宇宙のサイズはプランクエネルギーに対応する限界値であるプランクの長さにならず、その1兆倍の1兆倍の10億倍ほども大きいサイズになるのかと。

それを合理的に説明するひとつの可能性が、「インフレーション理論」と呼ばれるものです。この理論については第3章で詳しく述べますので、ここでは要点だけ話しておきますと、

「宇宙はプランクの長さから指数関数的に急膨張し、火の玉宇宙の始まりまで広がった」

というものです。この理論の重要な点は、プランクの長さのとき、10^{18}GeVというプランクエネルギ

ーであるにもかかわらず、温度は絶対ゼロ度と設定していることです。つまり冷たい宇宙ですね。冷たい宇宙だが、エネルギー的には10^{18}GeVあり、そのまま指数関数的に急膨張した。そして「1メートル宇宙」にまで広がったとき、「再加熱」と呼ばれる劇的なドラマが起こります。プランクの長さの宇宙で設定された10^{18}GeVのエネルギーをここでもらって温度に化けるのです。それを「再加熱」と呼んでいます。この再加熱によって、クォークをはじめとする素粒子が励起され誕生する――というわけです。

超ひもの誕生

さて、私たちはとうとう、ものをとことん細かく見る長さの限界まで達しました。すなわちプランク長さの宇宙です。その長さは10^{-33}メートルという、本当にごくごく微小のサイズの世界ですが、そこでは超ひもが動いていると、われわれは考えています。

もはやその宇宙では、点粒子で描かれた物質の描像は通じません。点ではなくもっと広がりのあるものを考えなければ説明できないのです。そこで見出されたものこそ、「超ひも」なのです。座標の各点で定義された時空の場を想定する20世紀に完成されたゲージ場の理論や、アインシュタイン方程式は、ここから先は通用しません。

アインシュタイン方程式、すなわち一般相対性理論とは1916年に完成した理論で、重力を4次元の曲がった（歪んだ）時空として記述する重力理論です。アインシュタイン方程式がなぜ通用しないのかというと、プランクの長さ付近まで小さくなると、この時空の曲がり具合（曲率）が無限大に大きくなってしまい、一般相対論で考えられる重力理論が破綻して、時空がもはや定義できなくなるからです。

ではプランクの長さほどの微小な宇宙はどのように生まれたのか。それについては、何もわかっていません。インフレーション理論は初期宇宙の描像としてかなり有力視されていますが、「インフレーション以前」については、いまのところ思考停止気味、といってよい状態です。

超ひもは実在する

超ひもがどんな運動をするのかについては、この章の冒頭でも述べました（以下、30ページ図1-2参照）。うなぎのように1本に開いたひもの場合、一番簡単な振動は、ひもの両端が1方向に光速でぶんぶんと回転しているようなイメージでした。これがひものエネルギーの一番低い状態での振動を表します。2番目に低いエネルギーのひもの振動は、開いたひもの真ん中に節を作り、そこを中心にゆらゆら振動しつつ、やはり両端が光速で回転しながらぶんぶん回るというイメージです。さらにエネルギーが増えると、節の数が増え、そこを起点にゆらゆら振動しながら両端は光速で回転することになります。

閉じた輪ゴムのようなひもの場合、一番エネルギーの低い振動とは、1点にまで縮まった小さな輪ゴムが、ごわごわと膨らんだり縮んだりしながら振動しているというイメージです。エネルギーが大きくなることは、この場合、輪ゴムの振幅が大きくなることを意味します。より半径の大きな輪ゴムのひもへ、やはり膨らんだり縮んだりしながら振動するということです。

それとは別に、閉じたひもの場合も、エネルギーが大きくなると輪ゴムに節が入ることで、振動モードが変わることにもなります。図1-2のように、輪ゴム型のひもが節をもてば、ひょうたん型に変形しながら、膨らんだり縮んだりします。

以上のように振動するひもを、巨視的に眺めると点粒子に見えるのでした。そして、その超ひもの振動モードの違いによって、クオークとかレプトンなどのようにそれぞれに異なる粒子に見えるのだということも、すでに説明しました。

繰り返しますが、ひもは実在する物質です。そういう意味では、ひもをぎゅうっと伸ばして目に見えるようにすることも力学的には可能です。まさかプランクの長さのひもに指を突っ込んで伸ばすことはできませんが、たとえば遠心分離装置を使ってひもをぶんぶん回せば、遠心力で伸びます。もちろん、それには相当なエネルギーをひもに注いでやらな

図1-14　1メートルの超ひもを取り出したら……

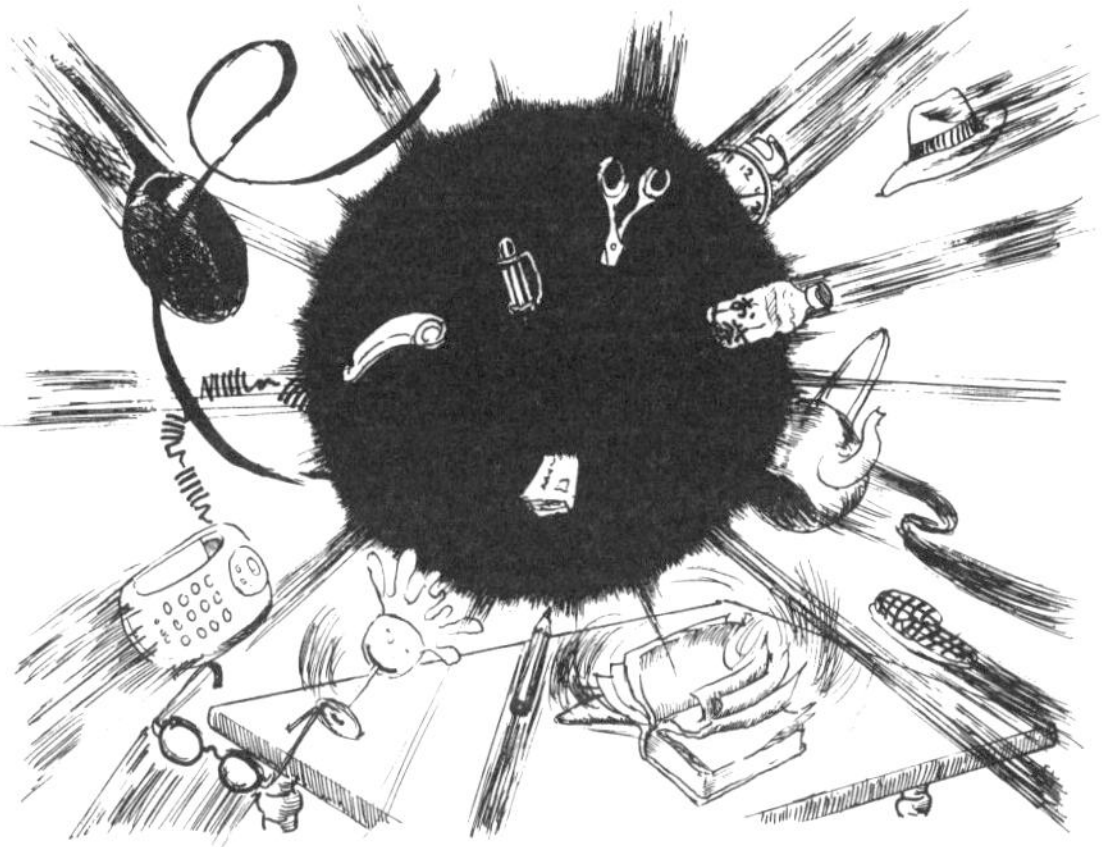

仮に1メートルの超ひもになるだけのエネルギーを注ぐことができたら、ミニブラックホールが出現してしまう

ければなりませんが、たとえば1メートルのひもを目の前に取り出すことも原理的には可能です。

　プランク長さのひもを1メートルまで伸ばして取り出すにはどれくらいのエネルギーが必要か、試しに計算してみました。相当重いだろうと予想していましたが、出てきた結果を見て、ちょっとびっくりしました。ひもを1メートルまで伸ばして取り出すと、計算上はなんと10^{21}トンという重さになります。つまり、たった1メートルのひもの重さでほぼ地球1個分の重さに相当します。この重さの密度だと、直径1メートルほどのミニブラックホールができることになってしまうのです。

では、その超ひもは何でできているのか？　そんな質問を発する人もいるかもしれません。もちろん、われわれの答えは「何からもできていない」。それは超ひもが究極の構成要素と考えるからです。しかし、超ひもが構造をもつ可能性がないとも言い切れません。それは、超ひも理論をさらに精確に解いていった先に、いずれ明らかになっていくでしょう。

超ひも理論で現れた「Tデュアリティ」

われわれは、ものをとことん近距離で見ることによって、ついには、長さの最小限界値である「プランクの長さ」にたどり着きました。そしてそこではもはやアインシュタイン的な時空が定義できず、超ひもが存在しているということもわかりました。

では、プランクの長さより短い距離というものはあるのかどうか。物理学者が「それ以上の短い距離はない」と断言しているのだから、常識的に考えれば、プランクの長さより短い長さについて考えること自体、意味がないことになります。しかしあえて、プランクの長さよりも短い長さというものを考えると、次のような不可解なことが起こりえます。

いま、プランクの長さの2分の1の長さというものを考えます。ところがこのプランクの長さの2分の1という長さは、超ひも理論を解くと、2倍に等しいということがわかるのです。もちろん、ふつうの幾何学（ユークリッド幾何学）では起こりようのないことなのですが、ある種の数学ではそういう等式が成り立つのです。

この不可思議な現象を、短いスケールと長いスケールで起こる「Tデュアリティ（双対《そうつい》性）」といいます（超ひも理論ではほかにもさまざまな双対性が現れます）が、これは超ひも理論である種の量を計算していくと出てくる現象で、よく知られている事実です。

ですから、序章の図0-3（19ページ）に示した宇宙創成図のプランクの長さの下の部分は、あくまで便宜的に描かれた図に過ぎず、実際の描像としては、短くもあり長くもあるという図を描くべきなのです。

この現象は、「プランクの長さ」付近の空間では、ひもの挙動として確かめることができます。たとえば、円柱のような空間に擬せられる時空では、ひもはその円柱に巻きつくことができるのです。〝円柱〟の幅が大きければ「巻きつき数」は小さくなり、幅が小さければ「巻きつき数」は大きくなる――。ここに双対性が現れるのですが、ここでは深入りしないでおきましょう。

このときプランクは、光のエネルギーは連続した値をとるのではなく、とびとびの値、すなわち波長の逆数（振動数ν）にある係数をかけた単位量の整数倍の値しかとれないことに気づいた。このエネルギー要素$E=h\nu$という考え方が「量子仮説」だ。この際に導入した定数hが「プランク定数」である。

物理量がとびとびの値しかもちえないというのは、ニュートン力学やマクスウェルの電磁気学などの古典力学では考えられないことであった。ただし、プランク本人は死ぬまで自分の考えを古典力学と調和させようと努力したといわれる。プランクは、本人もそれと知らぬ間に、ミクロの世界を記述する量子力学という革命的な扉を開けていたというわけだ。

そして21世紀のいままた、「プランクスケール」の世界を超ひも理論が解き明かそうとしているというのが面白いではないか。

（高橋繁行）

コラム1 プランクの長さ・時間・エネルギー

宇宙の謎を解く〝マジック定数〟なるものを挙げるとすれば、19世紀まではニュートンの万有引力定数G、20世紀以降は光速 c とプランク定数 h を挙げて、ほぼ異論はないだろう。

プランク定数の発見によって「量子力学の祖」ともいわれるドイツの物理学者マックス・プランクは、この万有引力定数G、プランク定数 h、光速 c の3つの定数から、物理量の基本的な単位——長さ・時間・エネルギーなど——の量をはじき出した。自然現象の普遍的定数から具体的なスケールを導けば、その数値は必ず何らかの意味を持つはずだ、と考えたからだ。こうして導かれたのが「プランクの長さ」「プランク時間」「プランクエネルギー」などであり、これらを総称して「プランクスケール」という。

これらプランクスケールはいずれも、とてつもなく大きな意味をもっていた。「長さ」と「時間」は、これ以上小さな数値ではもはや時空を定義できない最小の限界値、「エネルギー」、「温度」も最大の限界値であり、宇宙誕生の瞬間と切っても切れない量というのだから、専門家ならずとも興味が尽きない。そしてこのプランクスケールの世界の力学を解き明かすのに最も有望な理論が超ひも理論なのである。

このプランクスケールを導き出すもとになったプランク定数 h は、1900年、プランクが「プランクの放射法則」を導き出したときに発見された。この法則は、教科書的には「熱や光を通さない壁で囲まれた空洞内の放射のエネルギー分布を与える法則」である。空洞内の放射とは「黒体放射」ともいわれ、空洞の箱の中に放射される電磁波を指す。この空洞の箱に穴を開けて熱し、そこから出てくる電磁波（光）の波長と強さ（エネルギー）を計測すると、温度によって右図のグラフのような値をとることがわかっていた（「黒体放射のスペクトル」という）。それを公式にまとめあげるのに多くの物理学者が挑んでいたが、ついに成功したのがプランクだったのである。

第2章　超ひもと「力」の根源

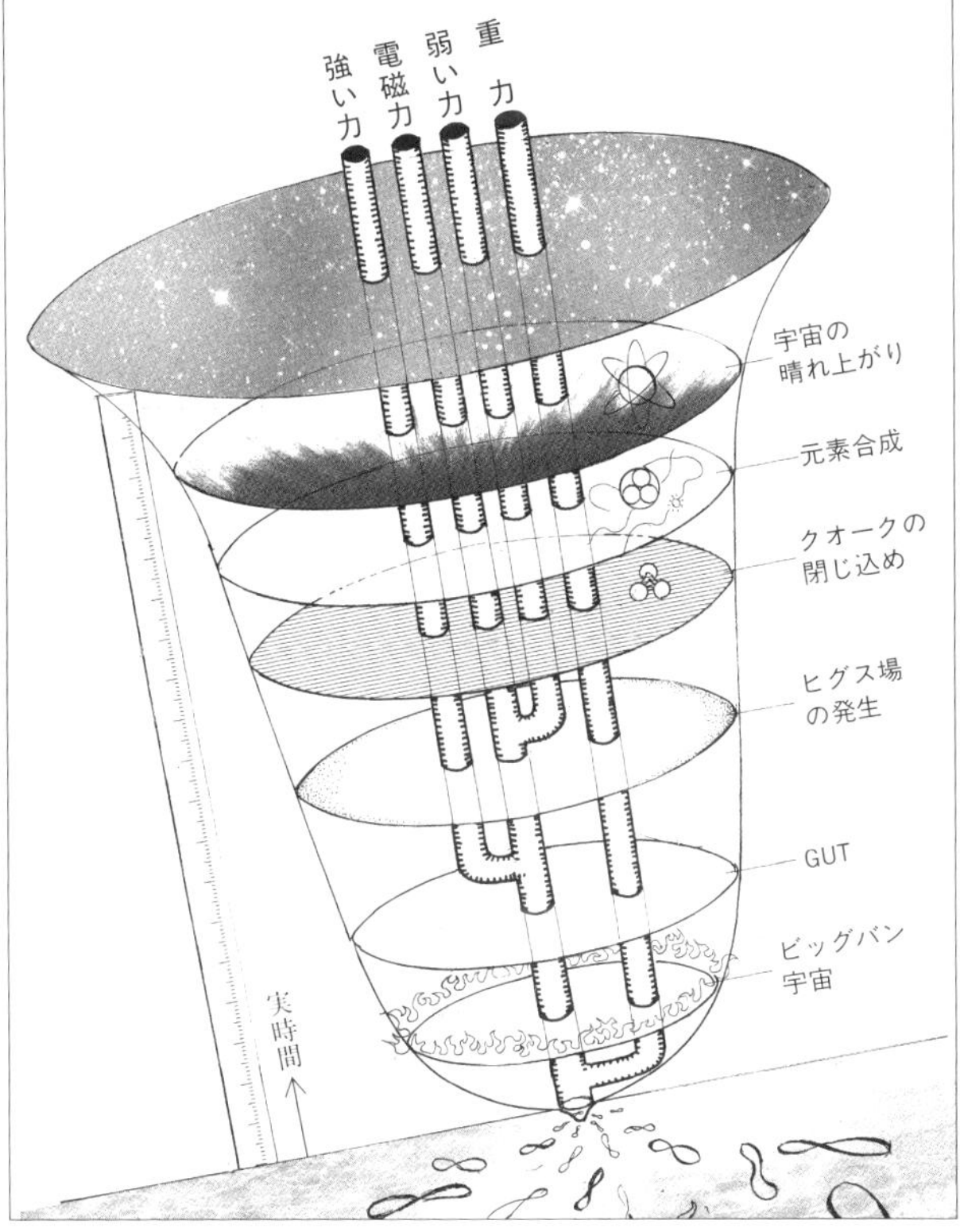

「４つの力」は宇宙の成長のどの時点で分岐したのか。最後に残った重力の統一を実現するのは、超ひも理論以外にないだろうと考えられている

超ひも理論と超対称性

この章では「力の根源をさかのぼる」ことについて述べたいと思います。

序章でも触れましたが、自然界には大きく分けて「4つの力」があることが知られています。重力、電磁力、弱い力、強い力の4つです。20世紀の物理学者は、それら4つの力を統一することに執念を傾けてきました。

4つの力が異なって見えるということは、言い換えると、それぞれの力が「非対称」的であることを意味します。

現代物理学には「対称性」がつきものです。回転対称性（ある1点を中心に回転させても変わらないこと）とか、鏡映対称性（鏡面に映すような操作を加えても変わらないこと）のように、何らかの操作を施してもその運動の法則が変わらないことが対称性です。

別々の4つの力、それぞれに非対称的な力を統一するとは、自然界のなかからより高い対称性――普遍性と言い換えてもいいでしょう――を求めてきたということになります。そしてそれは、この章で述べる、「ゲージ対称性」というキーワードを軸に展開された標準模型によって、かなりの程度まで成功を収めています。

しかし物理学者の、より高い対称性を求める情熱は決して尽きることはありません。残された課題として、ほかならぬ重力の統一問題があげられます。この重力をも統一できる可能性のある唯一の理論が超ひも理論であることは、もはや疑いないのです。

標準模型に現れる時空の対称性よりもさらに高い対称性のことを、対称性を超えたという意味で「超対称性」と呼んでいます。「超ひも理論」の名は、「超対称性をもつひも理論」という意味なのです。超ひも理論はこの超対称性のある理論であるということを、ここでは理解しておいてください。

繰り返しになりますが、力の根源をさかのぼることは、第1章で述べた「ものを細かく見て物質の根源を探ること」と、第3章で説明する「ビッグバン宇宙をさかのぼり、宇宙創成の秘密を探ること」と、結局は同じ意味をもちます。ただし伝えたい力点はそれぞれ少しずつ違います。本章では、「力とは何か?」「力の統一とは、どんな普遍的な対称性を求めているのか?」について述べていきます。

ニュートンの重力、アインシュタインの重力

最初は「重力とは何か?」です。

重力というのは、「質量をもつすべてのもののあいだに働く力」です。歴史的に最初の発見は、ニュートンの万有引力ですね。ニュートンは天体相互のあいだに距離の2乗に反

比例する力が働くことを証明し、さらに地上の物体にも同じ力が働くことを示して「万有引力の法則」を確立しました。

その次に重要な重力理論としてはアインシュタインの一般相対性理論があります。しかし、ニュートン以前にガリレオが有名な落体の重力実験を行っていますが、これも実は相対論の深い内容を含んだものでした。それがアインシュタインの「等価原理」です。

落下するエレベータのなかにいる人から見ると、あたかも重力はないように見える。逆にいうと、「重力は加速する系の中で物体が受ける慣性力と等価である」というわけです。

アインシュタインはここから、重力を4次元時空の曲がり具合として記述できるとして、一般相対論を築きました。等価原理に関連したたとえ話をしましょう。地球の周りの重力場を考えると、人工衛星の中の2つの物体はお互いに等速直線運動をします。ところが、大きく離れた2つの物体は、時間がたつと、もはや互いに等速直線運動をしたとはいえなくなります。これを、それぞれの物体はまっすぐに進んでいるが、時空自体が曲がっていると考えよう――というわけです。

アインシュタインの重力理論では、物体どうしが遠距離に離れているときには、ニュートン力学と同じように、距離の2乗に反比例する力が働くこと（「逆2乗則」といいます）が

図2-1　ニュートンの重力、アインシュタインの重力

ニュートンの重力

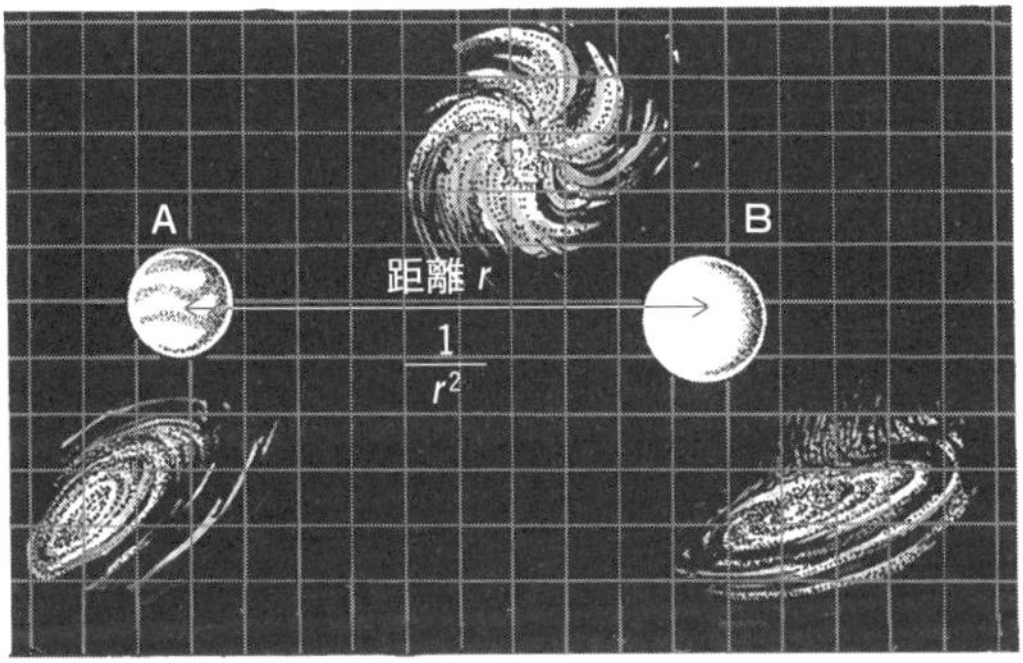

●時間は空間とは別個の絶対時間として存在する
●物体A、Bのあいだに働く重力は$\frac{1}{r^2}$に比例する（距離rが大きいほど重力は小さくなる）

アインシュタインの重力

●時間ⓣは空間に混ざっている
●物体A、Bがあることによって時空がどれくらい曲がるかを表したのがアインシュタイン方程式。距離rは物体Cがあるとr'に曲がってしまう

わかっています。ところが近距離にあると、ニュートンの逆2乗則からずれる。あるいはもう少し正確にいうと、質量の重いものどうしになればなるほど、それによって時空の曲がり（歪み）が激しくなるので、比較的遠い距離でもニュートンの法則からずれていきます。そういうことをアインシュタインは示してみせたのです。ですから、一般相対論は、ニュートンの重力理論をより拡張した理論、ということができます。

言い換えると、物質があるとき時空はどれくらい曲がるかということを表した方程式がアインシュタイン方程式であり、アインシュタインは結局、時空の曲がりが重力現象だと気づいたわけです。

4つの力のなかで重力は一番早く発見されたわけですが、こと力の統一ということに関しては、重力は最も遅れました。

電磁力

4つの力のうち2つ目は、電磁力です。電磁力とは、プラスとマイナス、2つの電荷をもったものすべてのあいだに働く力と定義できます。

歴史的にいえば、静電気はすでにギリシャ時代に発見されたといわれますから、電気そのものの科学史は重力よりも古いことになります。しかし、電気力と磁気力を同じものとして電磁気学としてまとめ、電磁場の理論を完成したのは、19世紀のイギリスの物理学者、マクスウェルでした。

電磁力は、古典的な力学の考えでは次ページの図2-2のような描像になります。負の電荷をもつものと正の電荷をもつものとのあいだに電気力線と呼ばれるものが何本も走って互いに引き合うという描像です。これが「クーロン力」と呼ばれているものです。

しかし、素粒子が運動する現在の量子力学的な描像によって電磁力を記述すると、図2-3のようになります。2つの電子の運動を考えますと、途中である電子から光子が放出され、それが別の電子に吸収されるというプロセスです。すなわち、電磁力は、2つの電荷のあいだの光子の交換によって発生するということを表しています。

この量子力学的なプロセスを表した図のことを「ファインマン図」といいます。ここで注意しておいていただきたいのは、量子力学ではたとえば電子がAからBへ運動するだけでも、いく通りものパス（経路）が考えられるということです。したがって、その運動方程式を記述するにはあらゆるパスを足《た》しあげる計算をしなければなりません。これを「確率振幅」の計算と呼んでいます。このファインマン図は、あらゆる仮想的なパスについて確率振幅を足しあげたものを表しています。すなわち、ファインマン図の各線は一般に、仮想的なパスだということを憶えておいてください。

図2-2　電磁力学の古典的な描像

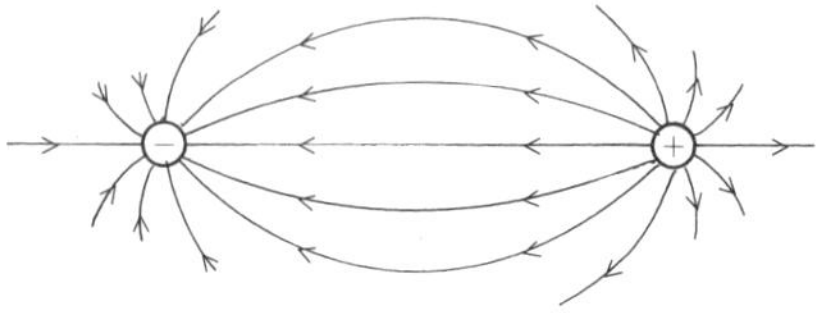

図2-3　電磁力学の量子力学的な描像（ファインマン図）

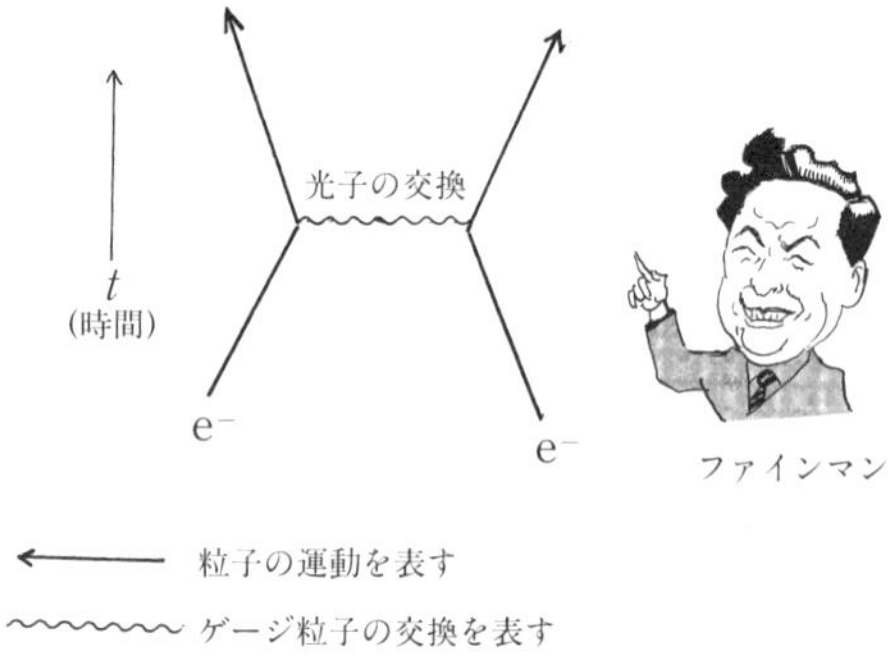

ファインマンは1965年に量子電磁力学への貢献によって朝永、シュヴィンガーととともにノーベル賞を受賞したアメリカの物理学者ですが、原爆製造の「マンハッタン計画」に参加したことでも知られています。このファインマン図は、量子力学的なプロセスを表すのに非常に便利ですので、今後も説明に用います。

さて、電磁力が発生するプロセスで交換される光子は、「ゲージ粒子」といわれる素粒子のひとつです。同様に、先に述べた重力を量子力学的なプロセスとして表現するならば、グラビトン（重力子）というゲージ粒子の交換で表されます。また、このあとに述べる弱い力のゲージ粒子は「Wボソン」と「Zボソン」、強い力のゲージ粒子は「グルオン」です。

弱い力

4つの力のうち3つ目は、弱い力の相互作用です。この力は、歴史的には原子核のなかの中性子が「ベータ崩壊」を起こす力として発見されました。ベータ崩壊とは、中性子が陽子と電子と反ニュートリノに崩壊する現象をいいます。弱い力を記述するのに最初に成功したのは、1901年生まれのイタリアの原子核物理学者、フェルミでした。

この弱い力の量子力学的描像をファインマン図を使ってさらに精密に描くと、次ページ

図2-4　弱い力のファインマン図①

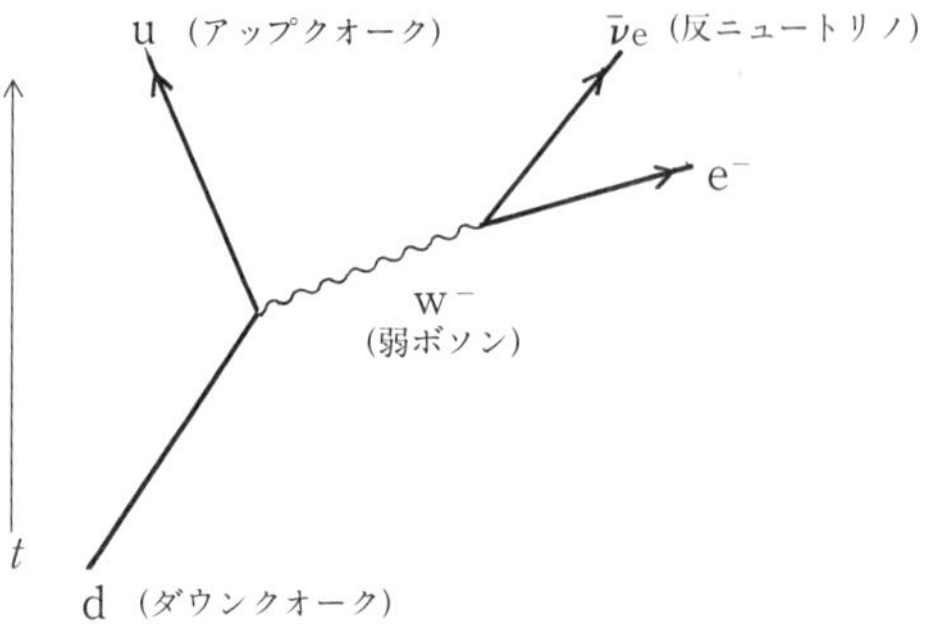

の図①（図2-4）のようになります。中性子を構成する3つのクォークのうち、ダウンクォーク（d）が崩壊してアップクォーク（u）とゲージ粒子のWボソン（W^-）に分かれ、さらにWボソンが崩壊して、電子（e^-）と反ニュートリノ（$\bar{\nu}_e$）に分かれるという量子力学的な仮想的プロセスですね。このなかのダウンクォークがアップクォークに変わるというのは、中性子を構成する（u―d―d）クォークのうち、dクォークが、陽子を構成する（u―u―d）クォークのuクォークに変わったということを表しています。

　このファインマン図の便利な点を述べておきましょう。ベータ崩壊の弱い力を表したファインマン図は、図②（図2-5）のように描き改めることもできるのです。図①はダウン

図2-5　弱い力のファインマン図②

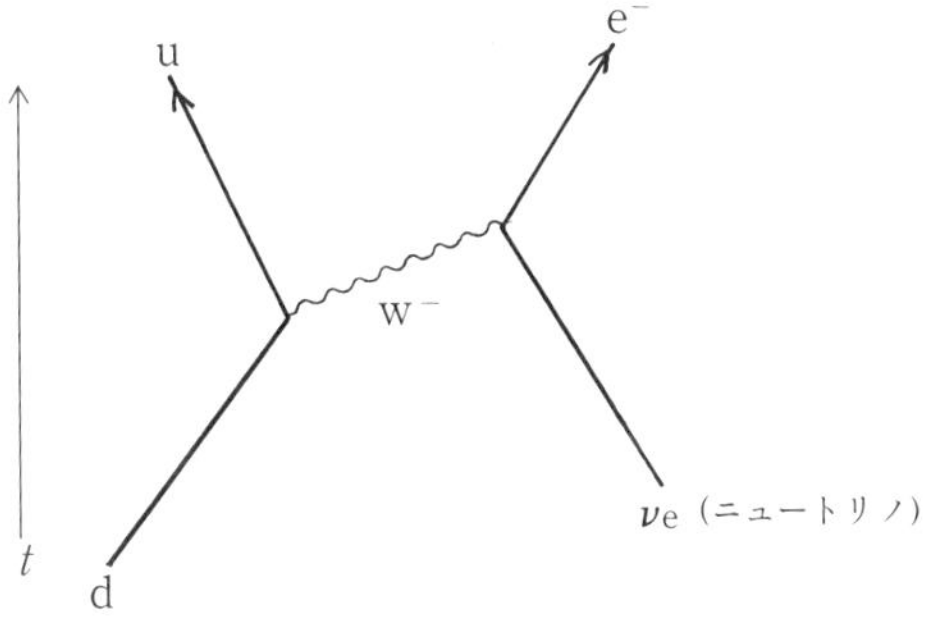

クオークが「崩壊」し、さらにWボソンが電子と反ニュートリノに「崩壊」したのですが、図②はダウンクオークの崩壊ではなく、ダウンクオークとニュートリノの間でWボソンを「交換」したと表現できます。

しかし図①と図②を注意深く見てください。図①で反ニュートリノは出て行く方向に動いていますが、図②ではニュートリノが入っていく向き、つまり図とは時間的に逆向きの方向に動いています。反粒子の運動の向きは、実は粒子の逆向きの運動と同じ意味をもちます。つまり図①で示したWボソンの「崩壊」は、図②で示した「交換」とは、量子力学的な仮想的なパスのプロセスの配置が違うだけで、基本原理は同じ、ということなのです。

図2-6　スーパーカミオカンデのニュートリノ観測

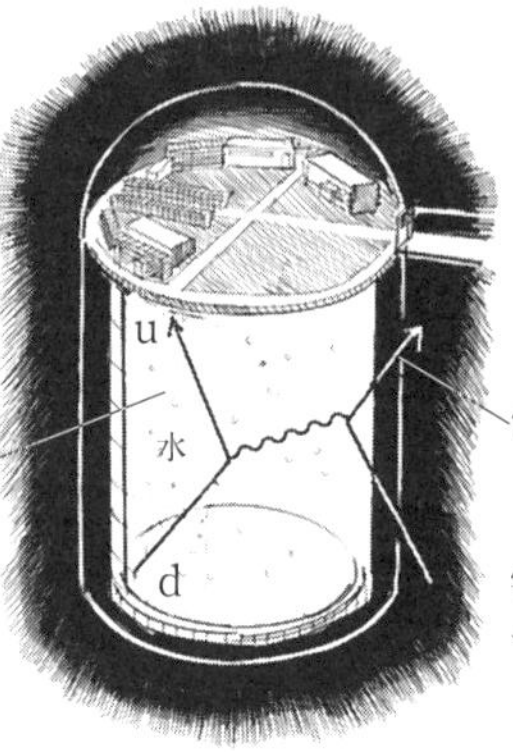
宇宙からやってきたニュートリノによって、水を構成するクオークがダウンクオークからアップクオークに変化する
電子（e−）
宇宙からやってきたニュートリノ

ちなみに図②をもう一度よく見てください。この図のダウンクオークとアップクオークの描かれた部分を、クオークで構成された水分子の詰まった水がめに置き換え、そこへニュートリノが入ってきたと考えると、ある有名な実験装置が思い浮かびますが、それは何でしょう？　実はこのプロセスは、水がめのなかにニュートリノが入ってきて、その結果生じた電子が水中を通過するときに生じる光（チェレンコフ光）を光電管でとらえて増幅させ、ニュートリノの検出結果を知ることになるわけですから……。

そうです、小柴昌俊のノーベル賞受賞理由になった、カミオカンデのニュートリノ観測のプロセスを表していることになります（図2-6）。

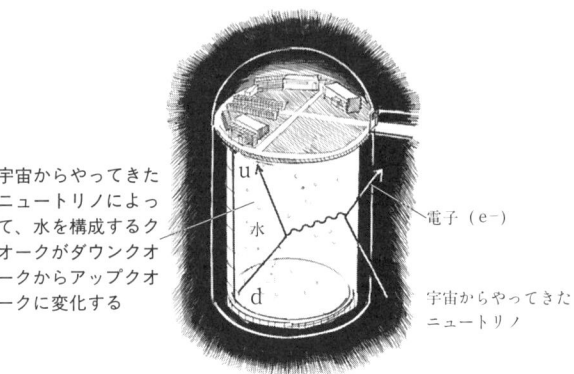

強い力

4つの力のうちの4つ目の力とは、強い相互作用と呼ばれるものです。強い力とは、クォーク間に働く力ということができます。もうひとつの基本粒子のレプトンには強い力は作用しません。力を媒介するゲージ粒子はグルオンであり、やはりファインマン図を使って説明すると図①（図2-7）のようになります。クォークと反クォークのあいだでゲージ粒子のグルオンを交換するという図です。この図を見てわかるとおり、電磁力で示したファインマン図と基本的には同じ構造ですね。

しかし強い力の場合は、電磁力では考えられない特殊な力学が働くことが知られています。電磁力では、電荷をもつ粒子のあいだの力の強さは距離の2乗に反比例しますが、強い力の場合、実は距離が遠くなるとそうはなりません（次ページ図2-8）。ある程度以上の遠距離になると、強い力は一定になります。すなわち、遠距離ほど相互作用

図2-7　強い力のファインマン図①

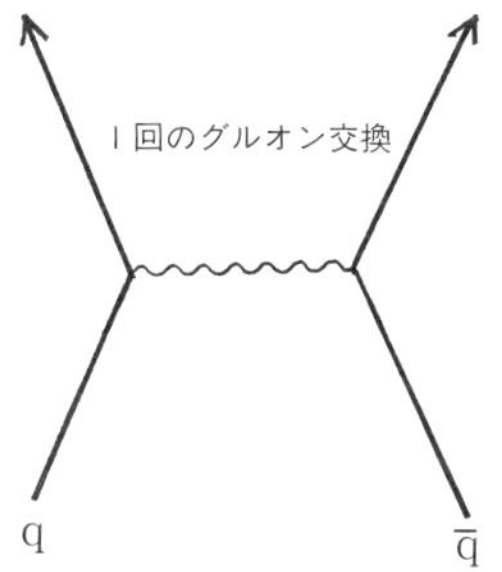

図2-8 「強い力」と「電磁力」

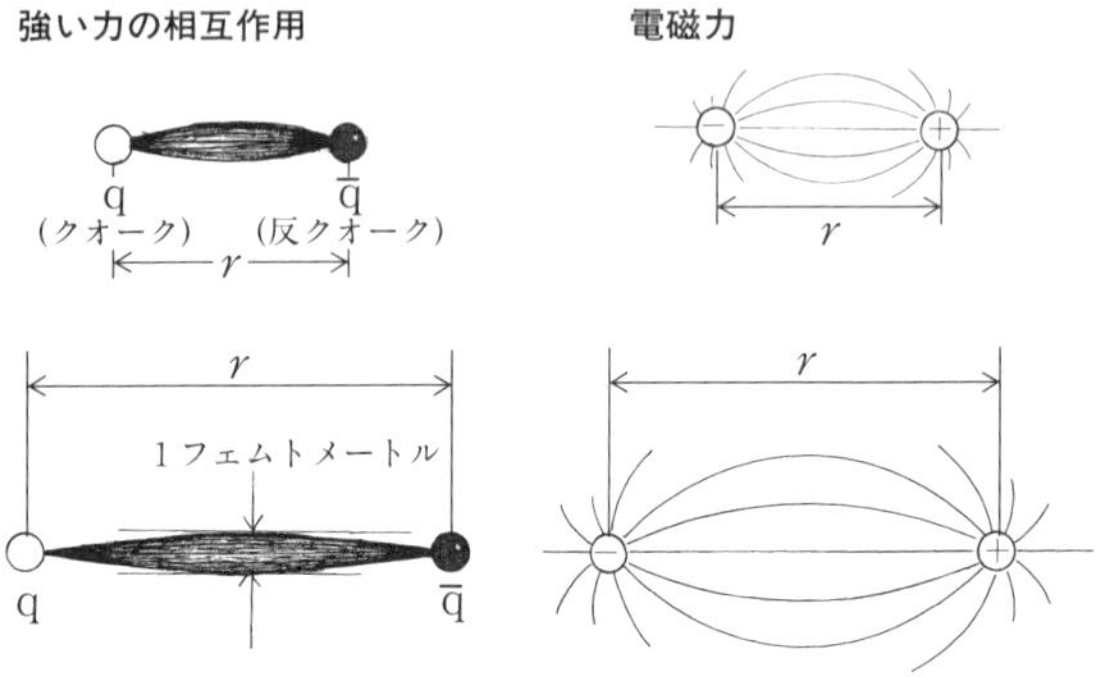

電磁力は距離 r が離れても力線は相似形を描き、力は拡散して弱まっていく。それに対して強い力はいくら離しても、力線の束は1フェムトメートル以上広がることができないため、距離 r が大きくなっても弱まらず、一定の値になる

の結合定数が大きくなります。逆にいうと、近くに行くほど結合定数は小さくなる。つまり近くに行けば行くほど自由な場に近くなるので、この強い力の特殊性を「漸近《ぜんきん》自由」といいます。

これを、グルオンを交換するファインマン図で表すと、図②（図2-9）のようになります。クォークどうしがグルオンを交換して相互作用をしているさなかに別のグルオンを出し、それがまた別のグルオンを出し、あるいはあるグルオンが別のグルオンとくっつき、それがまた別のグルオンとくっつき……といった具合に、ねちゃねちゃとグルオンどうしがくっついた状態になるのです。グルオンの「グルー」は

「糊」の意味ですが、まさしく糊のようにグルオンどうしがべたべたと粘着するわけです。
こうしたグルオン独自の複雑なプロセスが起こりうるのは、先ほどの「漸近自由」という強い力の特殊な性質によります。すなわち、クオークどうしが近くにいるときというのは、グルオンを1回だけ交換する図①（図2-7）のイメージなのですが、遠距離に離れれば離れるほど、このグルオンの複雑なプロセスが効いてきて、グルオンがべたべたと張りついた図②のようになるというわけです。

図2-9　強い力のファインマン図②

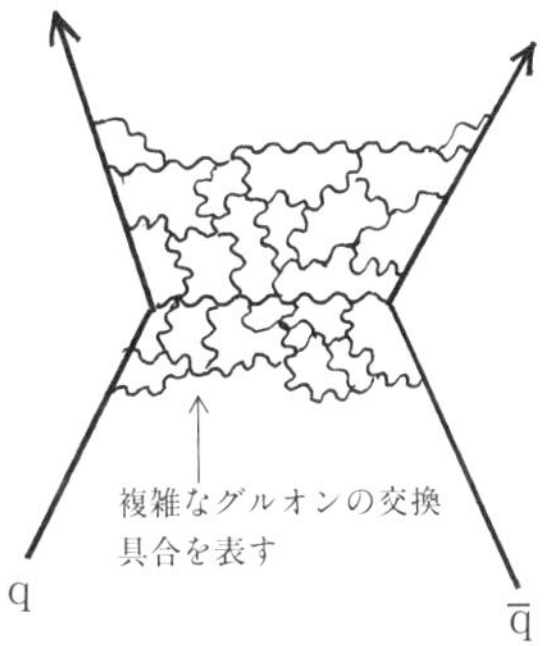

強い力の特殊性は、いまではこのように明快に説明されるようになりましたが、歴史的にいうと、一番最初の強い力の発見者は、湯川秀樹です。それがノーベル賞の受賞理由になった有名な「中間子論」です。ただし、湯川さんの時代にはまだクオーク自身が発見されていません。湯川さんは、陽子や中性子のあいだに働く力、すなわち核力は中間子の交換によって生じることを、中間子の発見以前に予言したのです。その後、中間子は、クオークと反クオークが結合してペアになっ

たものだとわかり、中間子論は、クォーク間に働く強い相互作用が核子や中間子のあいだの力に反映したものだと認識されるようになったわけです。

湯川さんのイメージ像を、ファインマン図を使って描くと図2-10のようになりますが、それをいまの強い力の描像で描くと、図2-11のようになります。湯川さんが陽子と中性子としたところを3個1組のクォークに置き換え、交換する中間子をクォークと反クォークのペアに置き換えると、そのまま、現在にも通用する強い力の概念図になります。そういう意味で、湯川さんの発見は強い力の正体を解明する最初の第一歩だったというわけです。

ゲージ理論とは?

自然界の4つの基本的な力について説明しましたので、ここからは、それぞれ性質の異なる――言い換えると対称性のない――4つの力がいかに統一されるようになったのか、いかなる普遍的な対称性を築いてきたのか、について述べたいと思います。それを知ることとは、より高い対称性をもった超ひも理論に至るまで、なぜ物理学者は自然のなかから対称性を引き出すことにこれほどの情熱を傾けてきたかを理解する手がかりを与えてくれることになるでしょう。

図2-10 「中間子論」のファインマン図

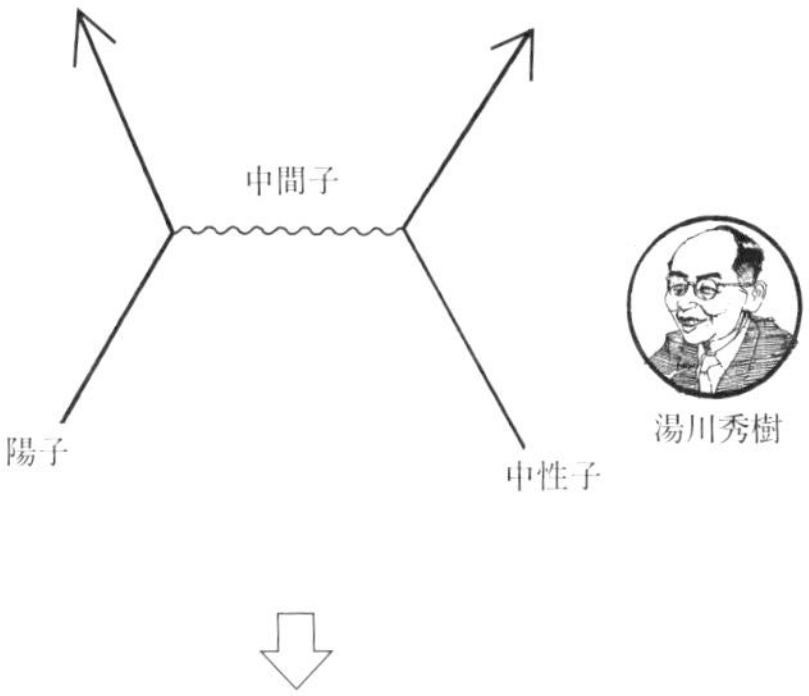

図2-11 「強い力」のファインマン図

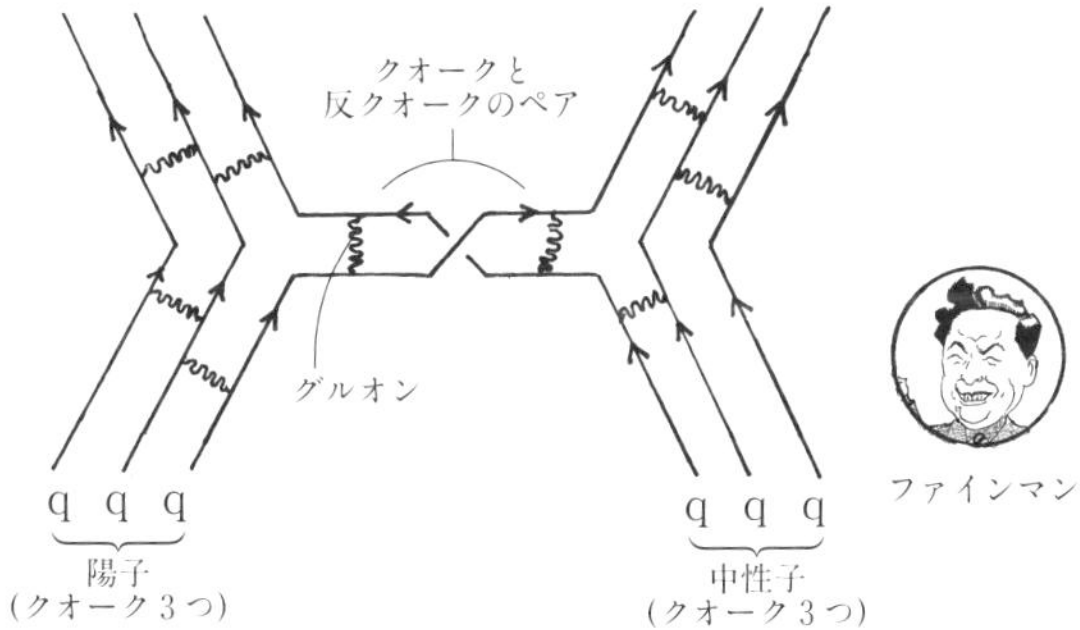

力の統一理論のなかでこれまでに最も成果をあげたのは、1970年代に隆盛し完成を見た「ゲージ理論」と呼ばれるものです。ゲージ理論とは何かについて、述べていきますが、まず「ゲージ」というのは「物差し」の意味です。

「ゲージ」という考え方はもともと、座標を測る物差しの長さの尺度を変えるような変換を行っても運動法則が変わらないような理論を考え出すために導入されました。しかしゲージの意味は少しずつ変遷し、いまでは少し違う意味に使われています。そこで物理学におけるゲージ理論の歴史的な変遷について説明しましょう。

まず「物理学者たちはなぜ対称性を導入しようとしたのか？」ということです。

物理学者の仕事とは、一見して複雑ででたらめな自然現象のなかから、シンプルで基本的な法則性を見出すことです。アインシュタインの$E=mc^2$という式は、とてもシンプルで、しかも複雑な自然の運動のなかから見出した普遍的な法則です。このようなシンプルな形になるのは、実は、時空の対称性である「ローレンツ変換」というものを反映しているからです。

図2-12を見てください。いま「ある物体がある点から別のある点へ動く運動法則を表す式を考えよ」という問題が出されたとします。物体をただ眺めているだけではどんな法則性があるかわかりません。そこで運動法則を知るための基準として物差し（ゲージ）を

図2-12　ゲージ対称性を求めて

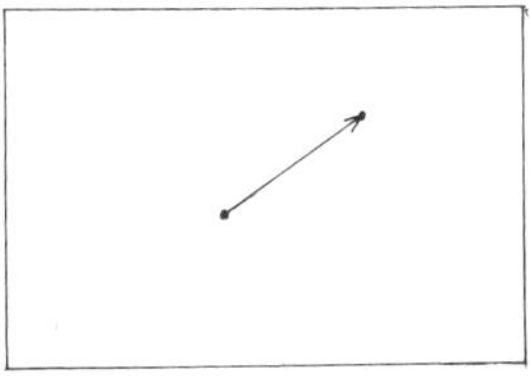

問題「ある物体がある点から動く運動法則を表す式を導き出せ」が出題されたとする。

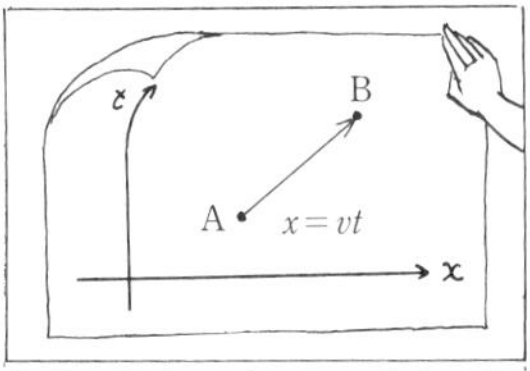

物差し(ゲージ)として直交座標をあてると、$x = vt$という等速直線運動の式が書けた。この座標を回転させてみたり……

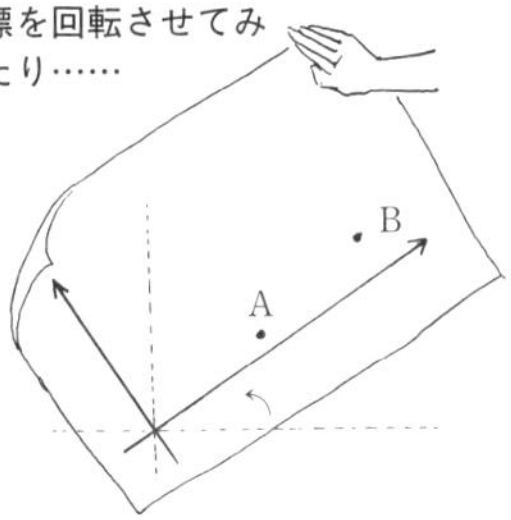

他の慣性系に移っても、等速直線運動の法則は変わらないことがわかる。座標を並進変換（平行移動）しても同様。しかし、このような対称性では、まだ「ゲージ不変」とはいえない。

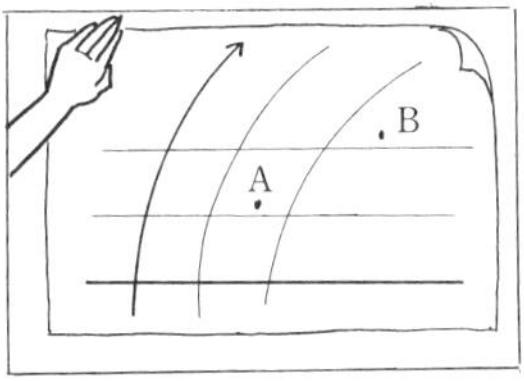

重力を考えると、実は時空は曲がっている。だから曲線座標をあてる必要があるが、等速運動則はもはや成り立たない。どんな曲線座標をあてても理論が変わらない「ゲージ不変性」を保った最初の理論は、**アインシュタイン**の一般相対性理論だった。そのミソは、無限小だけ離れた２点間の距離を表す場（計量場）に注目した点にある。一方、**ワイル**は一般相対論に電磁場の力学を持ち込むために、上の変換に加えて各点ごとに座標のスケールを変える変換を行った。

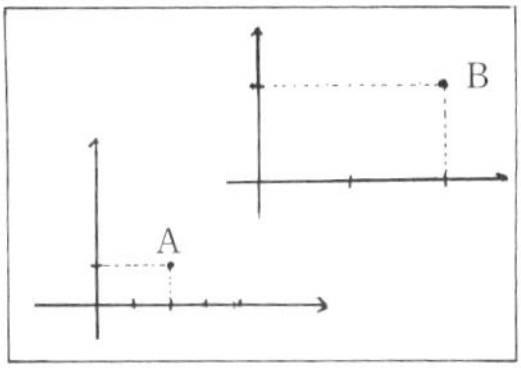

これがゲージ理論という言葉の始まりだが、結局ワイルの理論は成功しなかった。力の統一に成功したゲージ理論は、座標でなく各点それぞれの「内部自由度」を変えるものだった。

あててみます。たとえば、直交座標をあてるとしましょう。すると、A点からB点への、$x=vt$（vは速度、tは時間）という等速直線運動（慣性運動）の式で表すことができます。この座標系を1つ決めるということが、「1つのゲージを決める」ということです。

さて、ここに別の物差し《ゲージ》（座標）を持ち込むとします。たとえば、最初の直交座標を30度回転させた座標をあててみます。すると数式は変わりますが、等速直線運動であることは変わりません。これを等速直線運動の「回転不変性」と呼びます。さらに、はじめの座標系に対して、慣性運動しているような座標系に移ることも考えられます。このような慣性系の座標変換のことを「ローレンツ変換」というのですが、アインシュタインはこの変換式では空間と時間がお互いに混ざり合うことを見出し、特殊相対性理論を構築したのでした。

しかしこれはまだ「ゲージ不変」とはいいません。なぜならローレンツ変換での不変性は慣性系という、ごく限られた系での話で、一般性とはまだほど遠いからです。

たとえば次に、図のような歪んだ座標をあててみたとします。すると等速直線運動が成り立たないことは明らかでしょう。ニュートン力学では、時空は平らなものと考えていますが、私たちはすでに重力によって時空は曲がっていることがわかっています。ですから曲がった時空での運動を記述するには、曲線座標に変換しても変わらない理論をつくらなければならないわけです。そして、回転変換やローレンツ変換、座標をずらす並進変換はもちろんのこと、どんな曲線座標をもってきても理論が変わらない変換のことを「一般座標変換」と呼びますが、その一般座標変換に対して不変であってはじめて「ゲージ不変」といえるのです。

このゲージ不変性をもった一番最初の理論は、実はアインシュタインの一般相対性理論でした。

アインシュタインがゲージ不変の理論を構築できた最大の理由は、「テンソル場」という、ベクトルを2つかけあわせたような場を導入したことにあると思います。専門的な説明は省きますが、どんな座標変換を行っても変わらないものは何かといえば、「無限小に離れた2点間の距離」です。アインシュタインはこれに着目し、テンソル場の概念を使うことによって「ゲージ不変」な重力場の方程式を書くことに成功したのです。

しかし現在のゲージ理論の出発点になったのは、ワイルという数学者の理論です。ワイルは、アインシュタインの一般座標変換に加え、時空の各点ごとの物差しをも変える変換を行いました。図2-12のように、B点での座標はA点の座標の2倍のスケールというように、物差しを変える変換です。長さの物差し、つまりゲージ理論の「ゲージ」という言葉は、そもそもこのワイルのゲージ理論から発しています。もっとも、電磁場の力学を理解するために導入したワイルの理論は結局、成功を収めませんでしたが。

これに対して、力の統一理論を成功に導いたゲージ理論とは、各点の座標を変える変換ではなく、各点自身の変換でした。つまり、座標は変えなくても、各点自身のもつ「内部自由度」を各点ごとに変える変換をしても不変性が保てるような理論を構築したわけです。

といってもなかなかわかりにくいでしょう。イメージしやすいように、A点における場の値とB点における場の値を考えてください（図2-13）。座標の変換ではなく、それぞれの場の値自身を、場の値の空間という抽象的な内部空間で回転させるような変換を、「内部自由度の変換」といいます。

まだイメージしにくいようでしたら、りんごの入ったかごの絵を見てください（図2-14 Ⓐ）。かごを4次元の時空、かごのなかに入ったりんごを各点における場の値とします。いま、各点におけるりんごをでたらめに少しずつ回転させると、Ⓑのようになります。ここから、次のように説明できます。図ⒶとⒷは一見して違う絵だが、しかし、時空の場（かご）に入ったりんごという性質を変えない、と。

このように、各点ごとにりんごを回す（位相を変える）ような内部自由度の変換を「ゲージ変換」といい、そういうことをしても理論が不変なことを「ゲージ変換に対して不変

図2-13　内部自由度の変換

完成したゲージ理論の変換方法

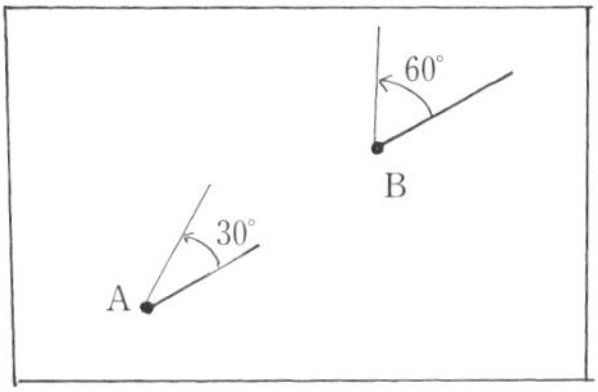

完成したゲージ理論では、座標の変換でなく、各点の場の値に異なる変換をしてもゲージ不変な式をつくる。このような変換を「内部自由度の変換」と呼ぶ

図2-14　ゲージ変換のイメージ

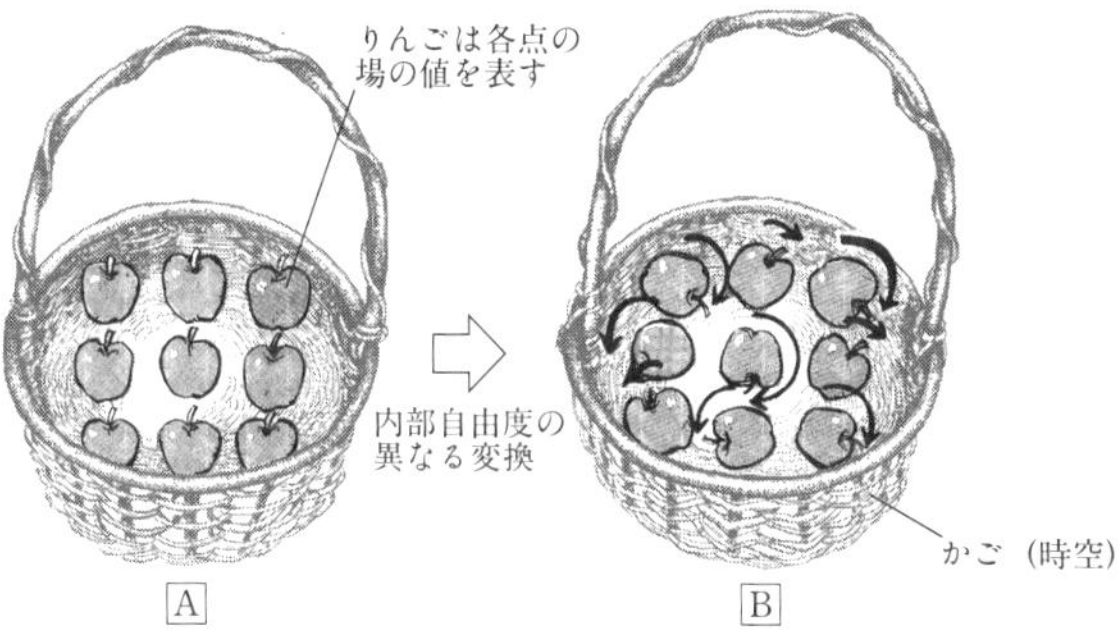

Aと Bでは、りんご（の各点における内部自由度）を変えても、かご（時空）のなかのりんごという性質を変えない。つまり、「ゲージ不変」である

である」、あるいは「ゲージ対称性を有する」といいます。そして、このゲージ対称性を有した場のことを「ゲージ場」と呼ぶのです。

ゲージ対称性の自発的な破れ

ゲージ場は現在までに、電磁力と弱い力のもとになるもの、強い力のもとになるものが実際に完成し、検証されています。さらに、これら3つの力を統一した「大統一理論」のゲージ場なども考えられます。「力を統一する」という試みとは、この対称性を含む、より高い対称性を求めるということになります。

これを逆に言い換えると、もともと1つであった力が分岐して4つの力になったということは、たとえば電磁力と弱い力のゲージ場（電弱ゲージ場）として統一されていた場が、電磁力と弱い力という2種類の場に分岐した、ということができます。そして、この力の分岐のことを「ゲージ場のゲージ対称性の自発的な破れ」という言葉で表現します。このゲージ対称性の破れこそが、力の統一論を解くキーアイディアになったのでした。

この「対称性の破れ」を最初に言い出したのは、実は日本人物理学者、南部陽一郎でした。南部さんは第4章でも登場しますが、超ひも理論のもとになったハドロン（強い力の相互作用によってクォークが結びついた素粒子の総称）のひもモデルを最初に考案された方です。

その南部さんが1960年代にいち早く、対称性の破れということを提唱したのです。

ただし、南部さんのいう対称性の破れとは、各点ごとの変換をするようなゲージ対称性の破れではありません。時空全体で一斉に行う変換に対する対称性の破れを扱ったもので、ゲージ対称性の破れのことを「局所的な対称性の破れ」というとしたら、南部さんのは「大域的な対称性の破れ」と呼ぶべきものでした。いずれにせよ、素粒子の場の理論において「対称性が自発的に破れる」ということを最初にいい、ゲージ理論に貢献した南部さんの功績は非常に大きかったといえます。

では「対称性の破れ」とはどういうことか、南部さん流の大域的対称性の破れの例で説明しましょう。わかりやすくするために、磁石の性質を例にとります（次ページ図2-15右）。

磁石というのは大ざっぱにいって、N極とS極をもつ磁石の性質を原子1個1個が有し、その原子のすべてが同じ方向に向いて並んだものです。それがイラストで示したように磁力線を形成しており、全体として磁石の性質をもつわけです。

ところが磁石は熱して温度を上げてやると、あるときから磁石の性質を失います。それは1方向に並んでいた原子1個1個が、エネルギーが高くなったために、磁石の作用を振り切ってばらばらに運動するようになったということです（図2-15左）。そしてまた温度を下げると、原子は行儀よく1方向を向いて並び、磁石の性質は回復します。

図2-15 「対称性の破れ」のイメージ

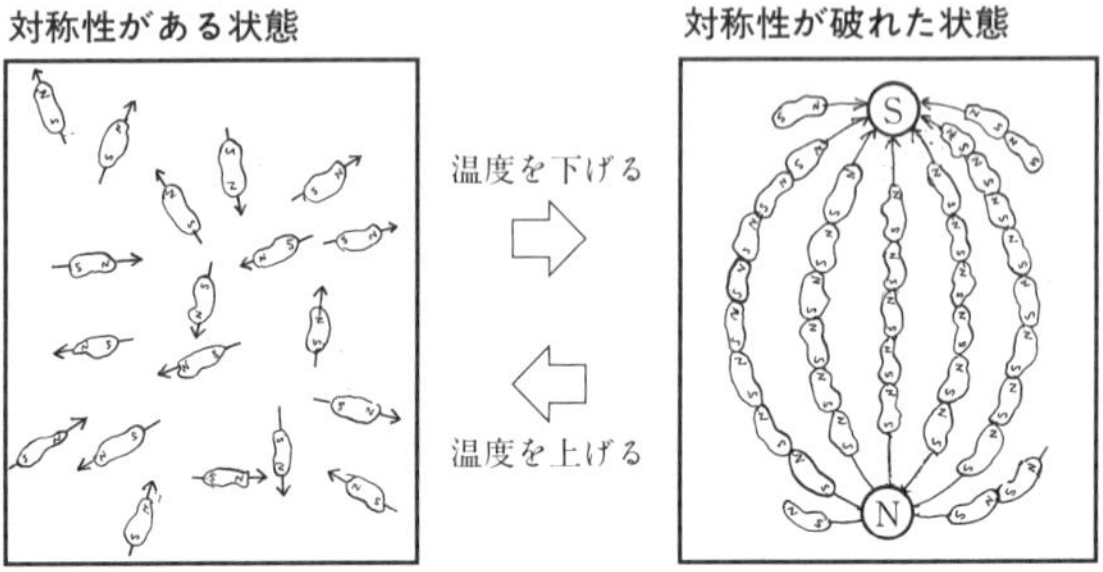

温度を上げると、磁石の性質を失う

磁力線に沿って磁石の原子1個1個が同じ方向に並んでいる

この高温時のでたらめになった状態は、どの方向にも対等な資格になったといえるので「ゲージ対称性がある」といいます。同様の言い方で、逆に低温時の、原子が1方向に整列した状態は、方向が対等でなくなり偏ってしまったという意味で「対称性が破れた」と表現します。

後者（図では右）のほうが対称性がある（シンメトリック）と思われるかもしれませんが、物理学の世界では、どの方向も対等でなくなり偏っているので、「対称性が破れた」とみなすのです。

真空が相転移を起こすとき

この磁石の対称性の破れと回復は、第1章のヒグスメカニズムのところ（60ページ）

で述べたワインの瓶底のたとえ話でも説明できます。

瓶底のてっぺんの状態は、磁石の原子が高温のために向きがばらばらになっているときに相当します。つまり対称性のある状態です。ところが、山のてっぺんは高エネルギーだが、そこが不安定な真空であるために、ふもとのほうに転がり、自発的に対称性を破ってしまう。磁石の例でいうと、磁石の性質を回復し、原子が1方向を向いてしまうわけです。これが、対称性が「自発的に」破れるという、「自発的」の意味です。対称性の破れとは、なにも理論が破るように仕向けているわけではなく、真空自体が自発的に破っているというわけです。

この対称性の破れは、「相転移」と呼ばれている現象の典型的な例になっています。相転移とは古くからある物理学の用語で、物質のもつエネルギーの大きさによってその性質が変わることをいいます。たとえば、水を冷やしてエネルギーの低い状態にすると性質を変えて氷になることも相転移です。このことは、水というH_2O分子がでたらめに動き方向もばらばらで対称であったのが、氷になることで結晶構造をとるようになり、分子の位置や方向が固定され、対称性が破れたとみなせるのです(次ページ図2-16)。

この物性物理の用語を場の量子論に流用して、場が対称性を破ることを「真空が相転移を起こした」などということもあります。このように対称性の自発的破れという概念を導

図2-16　水分子の相転移

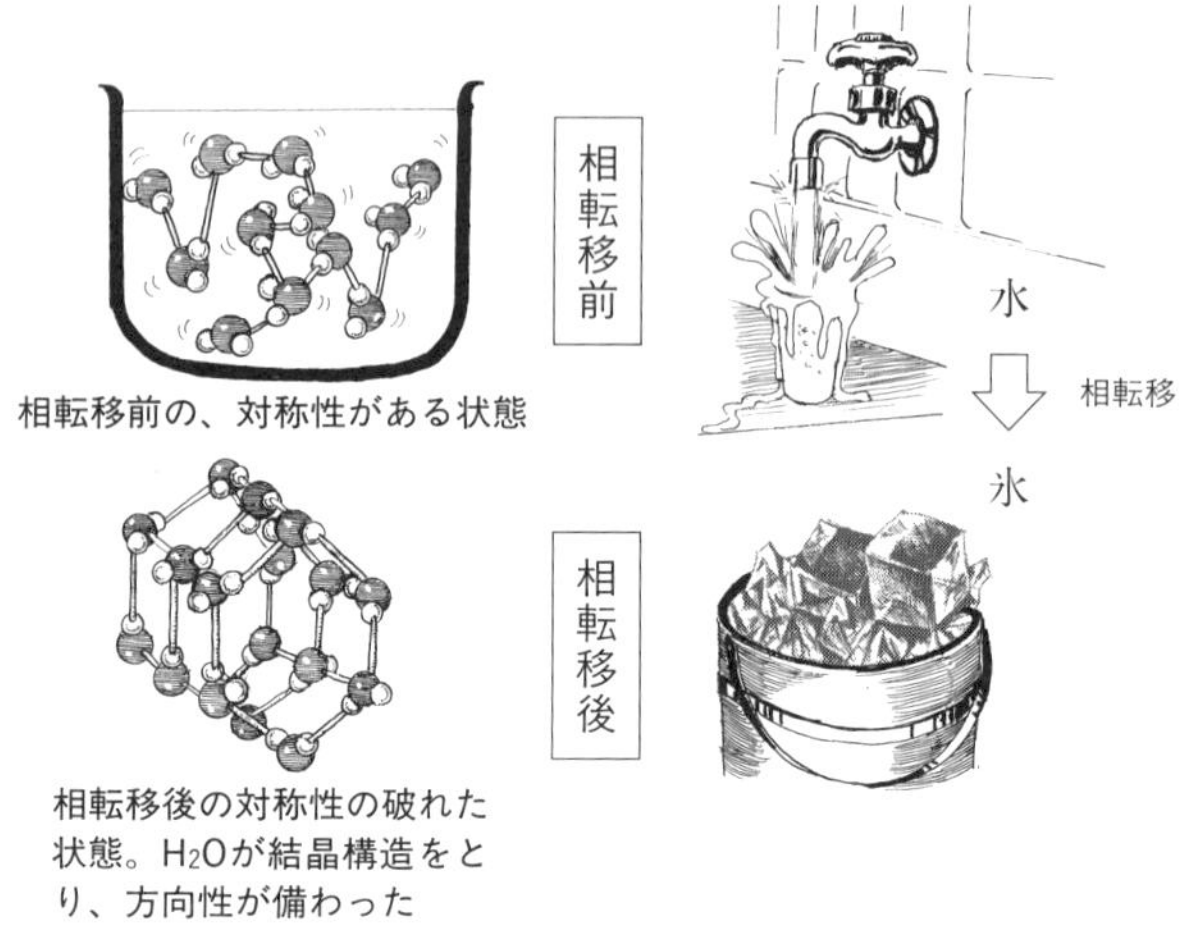

相転移前の、対称性がある状態
相転移後の対称性の破れた状態。H_2Oが結晶構造をとり、方向性が備わった

入し、真空が実際に対称性を自発的に破っていることを示したのが南部陽一郎なのです。

電磁力と弱い力の統一

さてここまで、力の統一がなされる舞台＝時空の場というものと、統一された力が実際に分岐するメカニズムを解き明かす重要なツールとしての「ゲージ対称性の破れ」について述べてきましたので、ここからはいよいよ、実際に4つの力がいかに統一されてきたのか、力の統一理論について説明していきたいと思います。まず、電磁力と弱い力を統一した「電弱理論」と呼ばれるものから始めましょう。

南部陽一郎の言い出した真空の対称性の自発的な破れは、同じ1960年代、ヒグスによって、実際にゲージ場に持ち込んだ理論として展開されることになります。それが第1章で述べた、ヒグスメカニズムです。つまりヒグス場という対称性を破りやすい性質をもったスカラー場が、物質場やゲージ場と相互作用することによって、ゲージ粒子やクオークが質量をもったり、ゲージ場の力の分岐がなされたりするようになるということです。

一方、時代をもう少し下った頃、ワインバーグとサラムという2人の物理学者は、電磁力と弱い力の統一に没頭していました。ところが難題が持ち上がります。電磁力のゲージ粒子である光子は質量ゼロ、これに対し、弱い力のゲージ粒子は相当重い粒子であろうと考えられ、両者を統一する矛盾のない理論がどうしても構築できないでいたのです。

こうした壁にぶつかっていたとき、少し前からヒグスの提唱していた例のヒグスメカニズムを使ったらどうか、と2人は気づきました。彼らは、対称性を破りやすい性質をもったヒグス場と弱い力のゲージ場を相互作用させることによって、粒子に質量を与えてやればよいということに気づいたのです。そして重いゲージ粒子として、WボソンとZボソンが見つかるだろうと予言しました。

ここからワインバーグ－サラムの、電磁力と弱い力の統一理論がつくられるようになりました。要するに、最初は統一されていた電磁力と弱い力のゲージ場は、ヒグス場によっ

図2-17　電磁力と弱い力の分岐

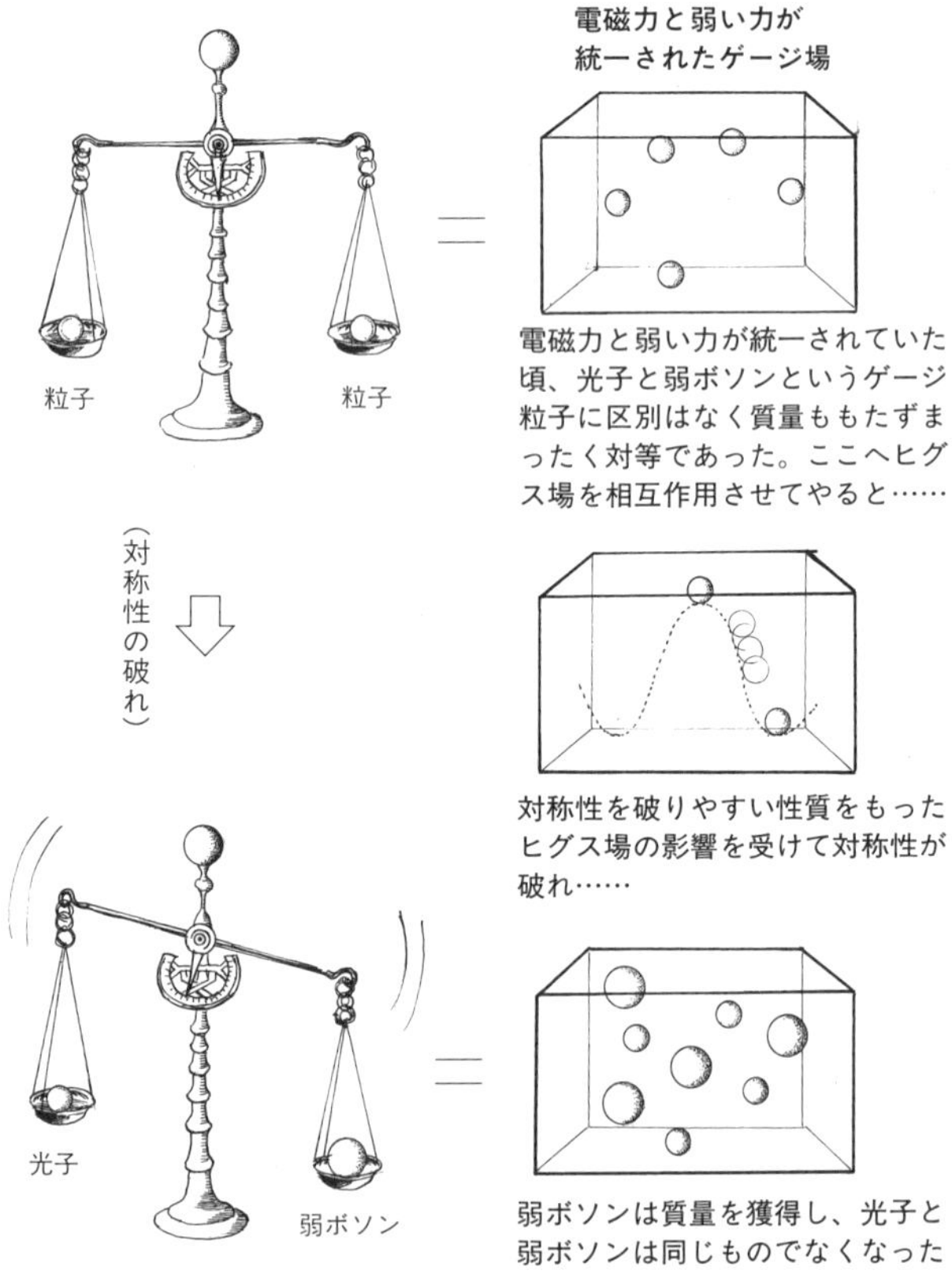
電磁力と弱い力が
統一されたゲージ場
粒子
粒子
電磁力と弱い力が統一されていた頃、光子と弱ボソンというゲージ粒子に区別はなく質量ももたずまったく対等であった。ここへヒグス場を相互作用させてやると……
(対称性の破れ)
対称性を破りやすい性質をもったヒグス場の影響を受けて対称性が破れ……
光子
弱ボソン
弱ボソンは質量を獲得し、光子と弱ボソンは同じものでなくなった

て対称性が破られ、力の分岐が起こったのだと理解されるようになり、電磁力と弱い力の統一された理論、すなわち「電弱理論」が完成したのでした。

電弱理論による力の分岐は、図2-17のようになります。上のほうの図は、弱い力のゲージ粒子Wボソン、Zボソンも電磁力のゲージ粒子である光子も、いずれも質量をもたず、対等でゲージ不変性が成り立っている統一されたゲージ場です。ところが、ここにヒグス場を持ち込むと、ヒグスメカニズムによって対称性が破られ、WボソンとZボソンは質量を獲得するようになった。こうして、電磁力と弱い力はまったく異なる2つの力としてふるまうようになったというわけです。

ワインバーグとサラムの予言したゲージ粒子、WボソンとZボソンは、80年代はじめになって実際に加速器実験によって発見され、その存在も証明されました。同時にそれぞれの質量もわかりました。Wボソンは約80GeV、Zボソンは約90GeV。ワインバーグ-サラムの電弱理論がまさしく予言したとおりの質量だったのです。

量子色力学

4つの力のうち、電磁力と弱い力は電弱理論によって記述できましたので、次は強い力です。強い力もやはりゲージ場によって記述することができ、これを「量子色力学」と呼んでいます。順を追って説明しましょう。

前にも話しましたように、強い力では電弱とちがってクォークの閉じ込めなどの特殊な現象が起こります。そのため、強い力を本当に理解するためには、このような現象もきちんと表すことができるように、ゲージ場の理論自身を定式化して（書き表して）やる必要があります。それを解決したのが「格子ゲージ理論」です。

格子ゲージ理論とは、時空を格子に分け、その格子の上にゲージ場やクォークの場を表す力学変数が乗っていることから名づけられた理論です。詳しくは第4章で述べることとし、ここではまず「色力学」ということについて説明しましょう。

強い力を理解するための最初のステップは、「ゲージ理論とは？」の項でたとえ話として述べた、りんごとかごの話のように、場の各点の内部自由度を考えることです。

そして、各点ごとに内部自由度をばらばらに変換しても変わらない、すなわち局所的なゲージ不変性をもった理論を構築するわけです。強い力の場合、この内部自由度は「複素3次元」すなわち複素数3個の組のようなものであることがわかっています。このような内部自由度に対応するゲージ理論は「非可換性」をもちますが、これを理解するために、まず逆の例として内部自由度が2個の実数からなる場合、すなわち「実2次元」の場合を考えてみましょう。

この場合、内部自由度は平面と同じですから、各点での変換としては原点の周りの回転を考えてやればいいわけです。その場合、たとえば原点の周りに30度回し、次に50度回す変換をすることと、50度回してから30度回す変換をすることでは同じ結果が得られます。言い換えると、この2つの変換A、Bに対し、A×B＝B×Aという交換法則が成り立っています。

ところが内部空間がもっと大きい場合は事情がちがってきます。例として実3次元の内部空間を考えてみますと、たとえばx軸の周りに90度回してからy軸の周りに90度回す変換と、回す順番を変えた変換では同じ結果にはなりません。つまり交換法則が成り立たない、すなわち非可換なわけです（229ページ図5-8参照）。

このように、非可換な変換に対するゲージ場の理論を「非可換ゲージ理論」と呼んでいます。強い力の場合の内部空間は、実3次元よりももっと大きい複素3次元ですから、変換はやはり非可換です。ちなみに、先ほどは詳しくは述べませんでしたが、電弱理論の内部自由度は複素2次元であり、やはり変換は非可換です。しかしながらこの場合はヒグスメカニズムが働くため、非可換性は、長距離ではあまり重要ではなかったのです。

非可換ゲージ理論がつくられたのは1950年代のことで、ヤンとミルズによってなされましたが、実は内山龍雄も少し前に完成していたといわれています。

さて、強い力の力学を表す「色力学」の意味ですが、この「内部自由度が3次元」ということと関連しています。内部自由度が3次元というのは、言い換えると、クォークが力線を伸ばすときに3通りの状態をとりうるということを意味します。いま、仮にそれを赤い力線、青い力線、緑色の力線とします。そのとき核子を構成する3個のクォークがそれぞれ、赤、青、緑の力線を伸ばして結合するときだけ、3次元の自由度は互いに打ち消しあい、3個のクォークは安定な状態を保てることがわかります。あたかもそれは、三原色そろえば無色になるようなものだという、いわば「しゃれ」で、クォーク間の強い力は「色の力」と名づけられたというわけです。

強い力の非可換性の厄介なところは、ゲージ粒子のグルオンの性質にも現れています。たとえば先に「強い力」の項で述べた、グルオンが糊のようにべたべたとくっついてしまうというファインマン図の描像です。あのグルオンの性質の特殊性のために、強い力は遠距離になるほど結合定数が大きくなり、近距離だとより自由な場に近くなり力が弱まる、つまり「漸近《ぜんきん》自由である」と述べました。あれも、強い力の非可換性を表しています。

この特殊な強い力を計算するには、「摂動《せつどう》論」と呼ばれる量子力学の基本的な計算手法では解けず、「非摂動的」に解かねばなりません。摂動論と非摂動的な計算は両方とも超ひもを解く計算法としても用いられますので、その違いは、第4章と5章で述べましょう。ここでは詳しい説明は省きますが、要するに、強い力を非摂動的に解いてみせ、成功を収めた強い力の理論が、「格子ゲージ理論」と呼ばれるものだったのです。

大統一理論を検証するには

自然界の4つの力のうち、電磁力と弱い力を統一した電弱理論と、強い力のゲージ場を解いてみせた「量子色力学」(格子ゲージ理論)の完成によって、物理学者はとうとう4つの力のうち3つの力を理解することができました。これは「標準模型」と呼ばれていますが、いまのところ実験とのずれはまったく見つかっていません。

素粒子物理学の研究者の考え方の根本は、こうした各点で定義された「場」というものにありますから、場は非常に重要な概念です。われわれは場の力学的なふるまいを研究しているわけです。そこで、標準模型に登場する場について整理しておきましょう。

標準模型に現れるゲージ場は3種類で合計12個あります。まず電磁場は「U(1)」と書き表し、1つあります。同様に弱い力のゲージ場は「SU(2)」と表し、これは3つあります。強い力のゲージ場は「SU(3)」と表し、8つあります。結局、標準模型のゲージ場は、これらをかけ合わせたものという意味で、「U(1)×SU(2)×SU(3)」と表します。

またゲージ場のほかに、まとめて「物質場」と呼んでいますが、基本粒子の場が合計で

12個あります。クォーク3世代6個とレプトン3世代6個、合計12個の粒子に対応した物質場です。

ゲージ場や物質場とは別に、さらにヒグス場という対称性を破りやすい性質をもったスカラー場があることはすでに述べました。

標準模型とは、この3種類のゲージ場と、3世代の物質場、そしてヒグス場が1つ、これらの場が互いに相互作用することによって、力を分岐させたり、物質に質量を与えたり、誕生させたりしている、そのふるまいの全貌を記述した理論ということができます。

そしてこの思考の延長線上にあって、重力を除く3つの力を1つの対称性をもったゲージ理論で統一しようとし、構築された矛盾のない理論を、「大統一理論」(GUT=Grand Unified Theory) と呼んでいるのです。

3つの力が統一された大統一理論の予想するエネルギーのスケールは、およそ10^{16}GeVです。標準模型のスケールが100GeVですので、なんと10^{14}倍高いエネルギーです。標準模型から大統一理論まで、理論自体には著しい飛躍はなく、模型としては大きな違いはないのですが、それに比べると、エネルギーのスケールにははるかな差がある、ということになります。

どれくらいの高エネルギーかというと、大統一理論のエネルギーのオーダーは、人類が作りうる加速器の高エネルギーの１００兆倍あります。それだけのエネルギーを人為的につくり出すには、現在の技術では冥王星の軌道よりもはるかに大きな加速器を作らなければならないといわれています。したがって、大統一理論によって予測されている電弱と強い力との統一は、現在のところ必ずしも実験的には検証されていません。

しかし検証の可能性はあります。岐阜県飛驒市神岡町にある巨大観測施設スーパーカミオカンデがそうです。カミオカンデはなんといってもニュートリノの検出が有名ですが、もうひとつの大きな存在理由があります。それは、大統一理論が予言する陽子崩壊の現象を確かめうる、世界でほとんど唯一の観測能力をもっていることです。

スーパーカミオカンデはどうして陽子崩壊を確かめられるのでしょうか。

大統一のスケールくらいの近距離では、クオーク間に働く強い力が他と区別される力ではなくなるということですから、そこではクオークとレプトンのあいだで相互転換が起こることが予想されます。クオークがレプトンに崩壊したり、逆にレプトンがクオークに崩壊したりするわけです。そうすると、クオークで構成される陽子も崩壊するだろうと予想されます。

陽子は、同じくクオークで構成された中性子が10分くらいでベータ崩壊をして陽子と電子と反ニュートリノに変化してしまうのに比べ、その寿命は長く、物質として安定です。

クォークが安定である限り、陽子は壊れようがないと言い換えてもいいでしょう。ところが、大統一理論はクォーク自身がレプトンに壊れる可能性を予言しますので、陽子もいずれは崩壊することになります。それを理論計算すると、計算のしかたが人によってちがい曖昧さは残りますが、陽子1個はざっと10^{35}年の寿命という結果が出ました。とても寿命が尽きるのを待っていられないほど、ものすごく長い年数です。

しかし調べる方法はあります。陽子1個の寿命が10^{35}年なのだから、陽子を10^{35}個用意してやれば、そのうちの1個は1年で壊れることになる。そこで、スーパーカミオカンデの水がめのなかにある水分子のなかの陽子が壊れる現象を確かめようとしているというわけです。

「くりこみ理論」と超ひも理論

われわれは4つの力のうち3つまでを量子力学的に記述することができました。ところが残る1つの力、重力だけはなかなか記述することができませんでした。この問題は、20世紀じゅう、ずっと物理学者たちを悩ませてきたわけです。なぜ重力量子化という問題が解決できなかったのかに答えるために、ここでまず「くりこみ理論」について説明しましょう。

くりこみ理論というのは、朝永振一郎、ファインマン、シュヴィンガーらの努力によってそれぞれ独立に生み出された理論のことで、量子力学の計算に生じる「発散」の問題を、有限の値に「くりこむ」ことができるという理論です。くりこみ理論の大きな功績は、物理学者を長年悩ませてきた発散の問題を解決し、力の統一理論を構築していくうえで大きな役割を果たしたことにあります。

先に述べたように、力を記述するためには、それぞれの力のもとになるゲージ場やそれらと相互作用している物質場を量子化しなければなりません。そこでまず電磁場を量子化するわけですが、たとえば電子が伝播《でんぱ》するだけでも幾通りもパス（経路）が考えられ、量子論的にはあらゆるパスの足《た》しあげをしなければなりません。この量子論的に足しあげるもののことを「確率振幅」ということはすでに述べました。

ところが、そのプロセスで非常に波長の短いところ、たとえば電子1個が途中で光子1個を放出し、またすぐに吸収するというような非常に短いパスを考えると、確率振幅に対するその寄与が無限大になってしまうことがわかりました。

この波長の非常に短いところ、すなわち「紫外領域」で起こる発散の問題は、「紫外発散」と名づけられました。この電磁場における紫外発散の問題を解決し、無限大になる値を有限の値にくりこんだのが、朝永さんたちでした。１９４０年代のことです。

くりこみ理論とは、次のようなものです。

まず、いろいろなプロセスのもととなる基本的な過程のことを「素過程《そかてい》」といいます。それは、電子の伝播、光子の伝播、電子が光子を放出・吸収するといった過程です。

この素過程に現れる電子の質量のことを、量子力学的な補正を受ける前の電子の質量という意味で、「裸の質量」と呼んでいます。朝永さんらは裸の質量をマイナス無限大にしておけば、紫外発散で現れる無限大と相殺《そうさい》し、電子の実際の質量は有限の値をとることに気づいたのです。同様に、すべての紫外発散は、素過程にそれと逆符号の無限大の値を与えることによって相殺され、きれいに消えることがわかります。

たとえ話をしてみましょう。電子の伝播中、非常に近距離で光子を放出し、発散が出るということは、裸の電子に光子という外套《がいとう》を何枚も何枚も無限大に重ね着したようなイメージになります。無限大に重ね着すれば、電子の質量は無限大に重くなってしまう。そこで朝永さんらは、これを解決するために、裸の質量をマイナス無限大にするというウルトラCの操作をして、重ね着によるプラス無限大を打ち消し合うようにすれば、全体として有限の重さになる、と考えたわけです（図2-18）。

まだだまされたような気がするかもしれません。しかし詳しく調べますと、このくりこみの操作は、数学的にもきちんとした矛盾のないものであることがわかります。このよう

図2-18 「くりこみ理論」のイメージ

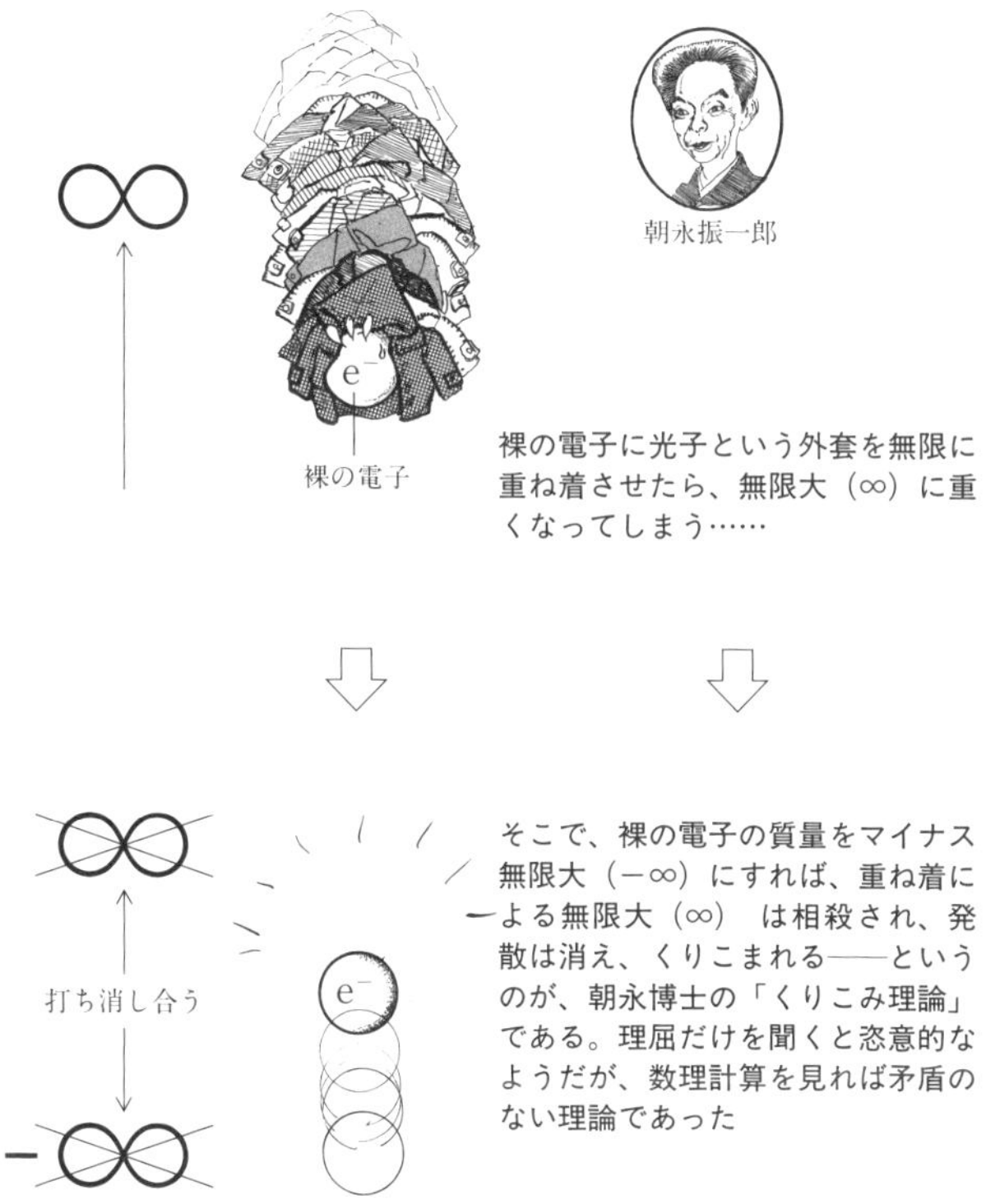
朝永振一郎
裸の電子
e⁻
裸の電子に光子という外套を無限に重ね着させたら、無限大（∞）に重くなってしまう……
打ち消し合う
そこで、裸の電子の質量をマイナス無限大（−∞）にすれば、重ね着による無限大（∞）は相殺され、発散は消え、くりこまれる――というのが、朝永博士の「くりこみ理論」である。理屈だけを聞くと恣意的なようだが、数理計算を見れば矛盾のない理論であった

にして、物理学者を悩ませ続けた量子的な紫外発散の問題は完全に解決できたのでした。

その後くりこみ理論は、弱い力、強い力のゲージ場の量子論における発散の問題も次々と解決していきました。また、くりこみ理論によって、大統一理論まで含めたゲージ場の理論が非常にうまく説明できるようになり、3つの力の統一に大きく貢献しました。

ところが、重力だけはなんとしてもくりこめなかったのです。なぜかというと、重力を量子化しようとすると、ファインマン図に従えばグラビトン（一般座標変換に対応するゲージ粒子）を交換することになるわけですが、近距離でのグラビトンの量子論的なゆらぎはふつうのゲージ場の場合よりもはるかに大きく、素過程に単純にくりこむことができないのです。

そこで登場するのが超ひも理論です。超ひもでは、ゲージ場、重力場にかかわらず、「くりこむ」必要がないのです。たとえば電子の伝播で現れた発散を消すために、朝永さんらが行ったような巧妙な操作もいりません。電子の伝播中、電子が光子を放出し吸収するというファインマン図と比較して、ひもの挙動の描像で表した図（図2-19）を見てください。電子に対応する輪ゴムのようなひもが、電子に対応するひもと光子に対応するひもに滑らかに分かれ、また滑らかに1つにくっつくという描像で描かれています。点粒子の描像では、ある1点で局所的に起こる相互作用が無限大となっていました。ところが、も

図2-19　超ひも理論による電子の伝播の描像

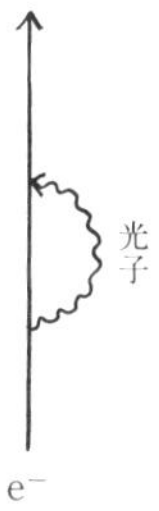

ファインマン図

電子が伝播するとき光子を放出し、吸収する量子力学的なパスは、左のファインマン図によって描かれる

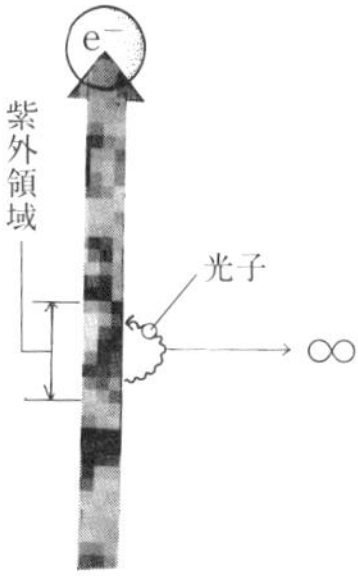

電子が光子を放出—吸収するパスはさまざまな波長域で起こり、電子の運動を量子力学的に記述するには、パスの足しあげをしなければならない。
ところが、このうち波長の短い紫外領域では、パスの数が無限個になる。これでは場の量子論は破綻してしまう

⇩

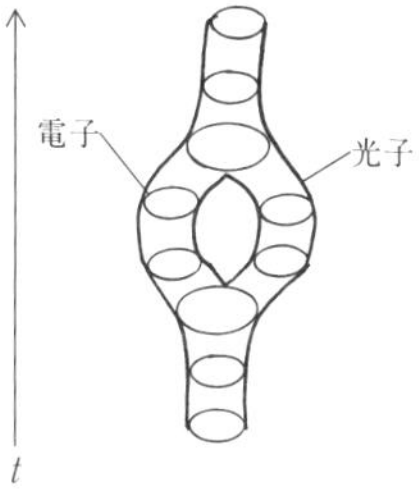

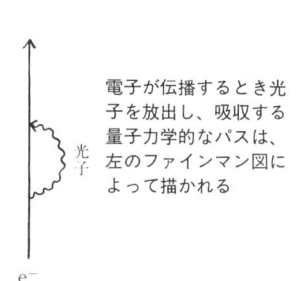

しかし、左図のように同じ電子伝播を超ひも理論で描くと、電子は伝播途上で光子と分岐し、また滑らかにくっつくという描像を描くことができる

ともと滑らかに相互作用するひもの場合、最初から発散は起こりようがないのです。

4つの力が交わるとき

ここで、1つにまとまっていた力がそれぞれいつごろ分岐し、4つの力に分かれたかというイメージ図を見てください（75ページ第2章扉イラスト参照）。宇宙創成図と重ね合わせた図として描かれているので、物質と宇宙の誕生時やエネルギースケールと照らし合わせながら、4つの力がどう分岐したかがわかります。

プランクの長さの頃（エネルギーは10^{18}GeV）1つの力だったものは、まず最初、重力が分かれ、大統一理論（GUT）の時代（10^{16}GeV）になると強い力が分かれ、そしてクォークが質量をもつようになる標準模型の時代（ヒグス場の時代――100GeV）に電磁力と弱い力に分かれ、その結果生じた4つの力が、現在の私たちの宇宙までつながっています。

4つの力がそれぞれの力に分かれる前の時期――言い換えると力が統一されていたとき――がいつ頃であったかについては、それぞれの力に働く結合定数を調べることによって見出すことができます。それを表したのが、それぞれの力の結合定数と、加速器で粒子を衝突させたときの衝突エネルギーをプロットした図です（図2-20）。

たとえば、電磁力の場合、結合定数は、荷電粒子のあいだのポテンシャルエネルギーの

図2-20　大統一理論（GUT）の時代はいつか……

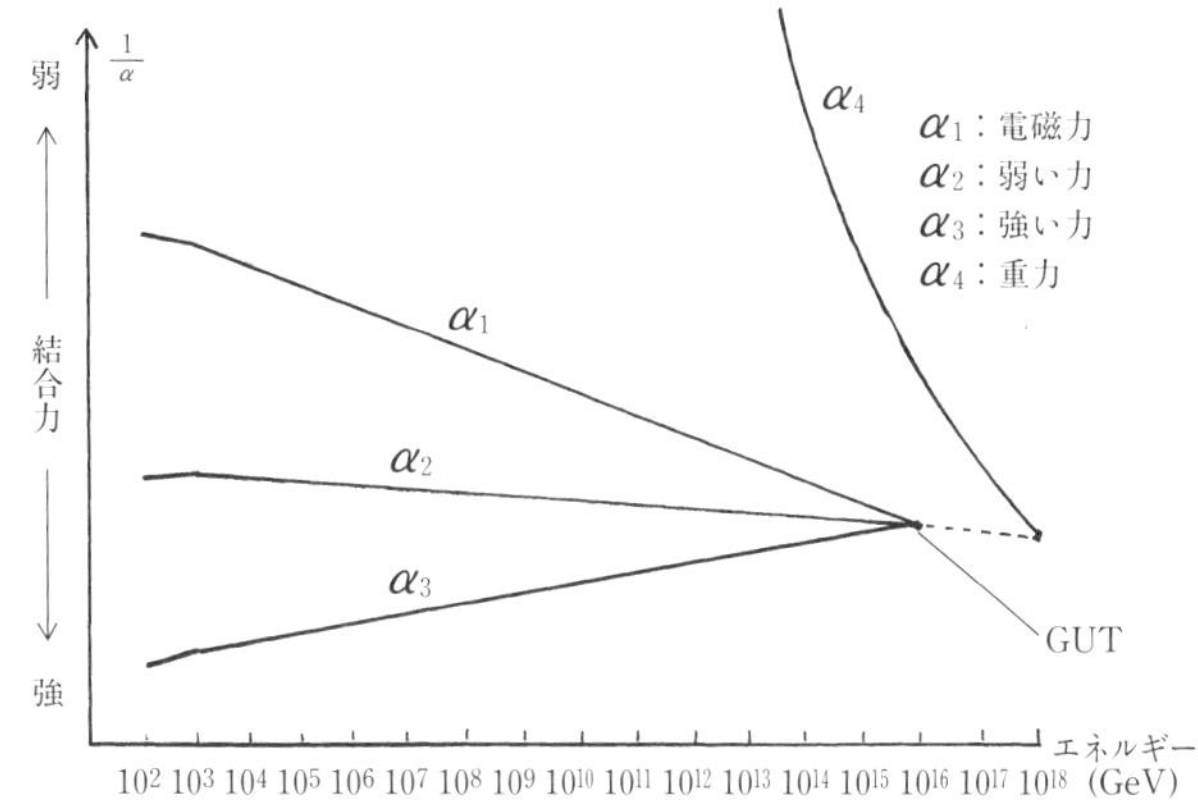

大きさを表します。電磁力の結合定数α_1は次のような式で与えられます。

$$\alpha_1 = \frac{e^2}{4\pi\varepsilon_0 \hbar c}$$

（eは電子の電荷、ε_0は真空の誘電率）

電磁力の場合、結合の強さは距離が短くなるほど、大きくなることがわかっています。それをもとに描かれたのが、図のなかのα_1の推移です。図の縦軸は$1/\alpha$、横軸は$\log E$を座標の単位としています。縦軸は結合定数の逆数ですから、上に行くほど結合力は弱くなります。横軸は衝突エネルギーEの大きさを指数で表しています。すなわち、10の何乗GeVか、という値です。電磁力の結合定数α_1はエネルギーが上がるほど、強まっていく様子がわかるでしょう。

次に弱い力の結合定数α_2、強い力の結合定数α_3を見てみましょう。

まずα_3のほうですが、すでに述べたように、強い力は「漸近自由」という色力学の特殊性のために、距離が近くなるほど結合力は小さくなります。次にα_2の弱い力の結合力ですが、実は、強い力と同じような性質を少しもっており、やはり近距離にいくほど力は弱まります。ただし強い力ほど漸近自由の効果は大きくないことがわかっています。そういうわけで、α_2は図のように、α_1とα_3の中間の勾配をもった曲線として描けます。

力が統一された状態というのは、それぞれの力の結合定数が同じ値をもつようになったことを意味します。すなわちα_1、α_2、α_3の曲線が交差する10^{16}GeVあたりで、3つの力が統一されたことを表しています。大統一理論のエネルギーを10^{16}GeVと設定するのは、この結合定数の計算から予測されるものなのです。

ここで注意深い読者の方は疑問に思われるかもしれません。3つの力が統一される前に、ワインバーグ-サラムの電弱理論によって、10^2GeV（100GeV）で、電磁力と弱い力は統一されているはずだ。なのにこの図では電磁力のα_1と弱い力のα_2の曲線は100GeVで交差していないのは、おかしいではないかと。実は、力の統一には厳密には2通りの意味があります。「電磁力と弱い力の統一」の項で、ヒッグス場（100GeV）で弱い力のゲージ粒子が質量を獲得し、それまで統一されていた電磁力と弱い力が分岐したと述べました。言い換えると、それまで電磁力と弱い力のゲージ粒子の質量がどちらもゼロだったという意味で統一されていたのですが、大統一理論から導き出された結合定数までは統一されていなかったのです。

さて、最後に重力の結合定数α_4です。

図2-20を見ればわかるように、最初は図に現れないほど弱い結合力ですが、距離が近くなるに従い——つまりエネルギーが大きくなるに従い——、ものすごい勢いで結合定数も大きくなっていきます。つまり距離が遠いとき、重力は他の3つの力に比べてはるかに小さい強さしかないのです。

ところが距離が近くなると非常に強くなる。なぜそうなるのかというと、万有引力を考えればわかるように、結合力は、

$$F = G \times \frac{m_1 m_2}{r^2}$$

と、質量をかけあわせたものに比例し、距離の2乗に反比例します。質量というのはエネルギーですね。ということは、距離が近くなり、エネルギーが大きくなると、$m_1 \times m_2$で表したエネルギーである結合力は比例して非常に大きくなるわけなのです。

この重力の結合定数α_4が、他の3つの力の結合定数と交わるところは、10^{18}GeVです。すな

わち4つの力はそこで統一されます。そこは宇宙創成図（13ページ）を見ればわかるように、粒子がまだ誕生しておらず、超ひもがうようよと泳いでいる宇宙です。だからこそ、重力は点粒子で定義されたゲージ場ではとらえきれず、重力を量子力学的に記述するには、超ひも理論の登場を待たなくてはならなかったということです。

超対称的場の理論とは？

この章のはじめに、超ひも理論は重力も統一的に記述できる、最も高い超対称性をもった理論だと述べましたが、ひもの描像ではなく、点粒子の描像の延長で、より高い対称性を求めて、いろいろな粒子を統一的に扱おうとする理論もあります。それは、「超対称的場の理論」と呼ばれるものです。

それは超ひも理論における「超対称性」と同じことなのですが、粒子の描像にもとづいて理論を展開しているわけです。別の言い方をすると、超ひも理論は「超対称的場の理論」を包含している、ということにもなります。

では超対称的場の理論によって粒子がどのように扱われるかというと、「フェルミ粒子」（フェルミオン）と「ボース粒子」（ボソン）と呼ばれる粒子の統一が図られます。

あらゆる粒子、あるいはそれを表す場は、フェルミ粒子とボース粒子に大別されます。

たとえばクオークやレプトンはフェルミ粒子ですし、ゲージ粒子やヒグス粒子（後述）はボース粒子です。この2タイプの粒子は超対称性をとりいれることによって互いに変換でき、そうすることによって、すべての粒子をより統一的に扱うことができるようになる、というわけです。この超対称性として十分に大きな対称性をもってきますと、重力もほかの場と統一されるようになるのです。

実をいえば、前項の力の結合定数の図（119ページ図2-20）は、超対称的場の理論を導入したものとしてプロットされています。図の3つの線は、10^3GeVあたりのところで少し折れ曲がっていますが、このあたりのエネルギーより下では超対称性が自発的に破れているとして描かれたものが、この図だったのです。

超対称的場の理論の研究の流れをいうと、最初の頃はクオークとゲージ場を超対称性で統一しようという動きがありましたが、いい結果が得られず、いまではフェルミ粒子のクオークには超対称性のパートナーとしてボース粒子のクオークがあるのではないかというふうに、標準模型の粒子ごとにその対称性のパートナーがあると考えられており、それらを探す実験が行われています。そういう粒子を総称して、超対称性（スーパーシンメトリー）の粒子という意味で「スージー粒子」と呼んでいます。

しかし超対称的場の理論は、期待されるほどには実験的な裏付けがありません。そのなかで比較的近い将来に検証できると期待されるものとして、ヒグス粒子の発見があります。

ヒグス粒子はボース粒子なのですが、ボース粒子だけでは100GeV程度のエネルギースケールをもっていることを自然に説明することが困難だと考えられています。ところがそこにフェルミ粒子のパートナーがあれば、ヒグス場より高いエネルギーで超対称性が破れた結果、現在考えられている100GeV程度のヒグス場が生まれたのだと、比較的スムーズな説明ができるようになるというわけです。

このように考えますと、ある種の仮定のもとでヒグス粒子は130〜140GeVよりは軽いはずであるという予言ができるのですが、もしそうだとすると、数年以内、すなわち2010年ぐらいまでのうちに、加速器実験でヒグス粒子が発見される可能性があります。

もうひとつ期待されるのは、スージー粒子の発見です。もしいま述べたようなことが本当だとすると、スージー粒子が比較的低いエネルギーで見つかるはずだと予測されています。

ここで述べたのは、超対称性がプランクスケールに比べて比較的低いエネルギーで自発的に破れるというシナリオです。一方、超ひも理論はまだ完全には定式化されていませんから、実際にどのくらいのエネルギーで超対称性が破れるのか、いまのところわかっていませんが、実は超対称性はもはや10^{18}GeV程度のプランクスケールで破れているということも十分考えうるのです。

現在、欧州原子核研究機構（ＣＥＲＮ《セルン》）で国際共同実験グループが建設中の世界最大の加速器ＬＨＣは、最大数千GeV（数TeV《テブ》、Ｔ《テラ》は10^{12}）まで計測できるとされ、この装置によって、スージー粒子とヒグス粒子の発見の可能性があるのではないかと考えられています。ヒグス粒子が見つかれば、ノーベル賞級の大きな出来事といえます。なんといっても完成した標準模型のなかで、ヒグス粒子は実験的に見つかっていない唯一の粒子なのですから。

プランクの長さの宇宙では、曲率半径が無限（∞）に小さくなりすぎ、でこぼこだらけの時空になる。そして時空は定義できなくなる

しかし、宇宙の始まりへさかのぼっていくと、「プランクの長さ」付近ではアインシュタイン方程式が破綻し、時空が定義できなくなってしまう。これは図のイメージのように、曲率Rが無限大に大きく、すなわち曲率半径が無限小に小さくなるからだ。古典論である一般相対論は、量子力学を取り入れていないため、極小、あるいは非常に近距離の時空については完全な理論となってはいないのである。

一方、重力の発散の問題のように、量子論も完全なものにはなっていない。一般相対論と量子論の不完全な部分を補いながら、これら現代物理学の2大成果を統合していく理論、それが超ひも理論なのである。 （高橋繁行）

コラム2 アインシュタイン方程式のツボだけを知ろう

難解で知られるアインシュタイン方程式だが、肝心なのはその意味するところを知っておくことだろう。ひと言でいえば、「時空上に物質があることによって、その時空（空間と時間）がどのように歪むかということを記述した式」ということだ。たとえば、太陽があることによってそのまわりの時空がどう歪むかは、太陽の質量をこの方程式に代入すれば計算できる。だから、光が太陽のそばを通るときの歪み方もわかる。

一応、アインシュタイン方程式を紹介しておくと、

$$R_{\mu\nu}-\frac{1}{2}g_{\mu\nu}R=kT_{\mu\nu}\qquad k=\frac{8\pi G}{c^4}$$

μ《ミュー》、ν《ニュー》というギリシア文字が何やら難しそうだが、これは「テンソル場」（計量場）の成分。それぞれ4次元時空の4つの成分をもつ。本文の説明にあったように、アインシュタインはどんな座標変換を行っても対称性を保つ重力場の方程式をつくり出すために、無限小だけ離れた2点間の距離に注目した。それを表す場として導入したのがテンソル場だった。その距離を出す原理はピタゴラスの定理と同じ（ただし時間に対応する0番目の成分は係数がマイナスになるというのが面白い）。アインシュタイン方程式は、土台は4次元版三平方の定理の足し算でできているのだ。

さて、右辺の$T_{\mu\nu}$は時空上にある物質のエネルギーと運動量、kはニュートン定数と光速度からなる比例係数、左辺のRは曲率を表す。左辺全体は「アインシュタインテンソル」と呼ばれ、時空の幾何学的な量を表す。ざっくりといえば、この式は「物質のエネルギーに時空の歪み方は比例する」ことを表していると考えてよい。

アインシュタイン方程式は、20世紀の宇宙論に急展開をもたらした。ビッグバン宇宙論もブラックホールも、ホーキングとペンローズの「特異点定理」とそこから流布した「ビッグバン宇宙は特異点から始まった」という言説も、ここから生まれた。

第3章　超ひもと時間の秘密

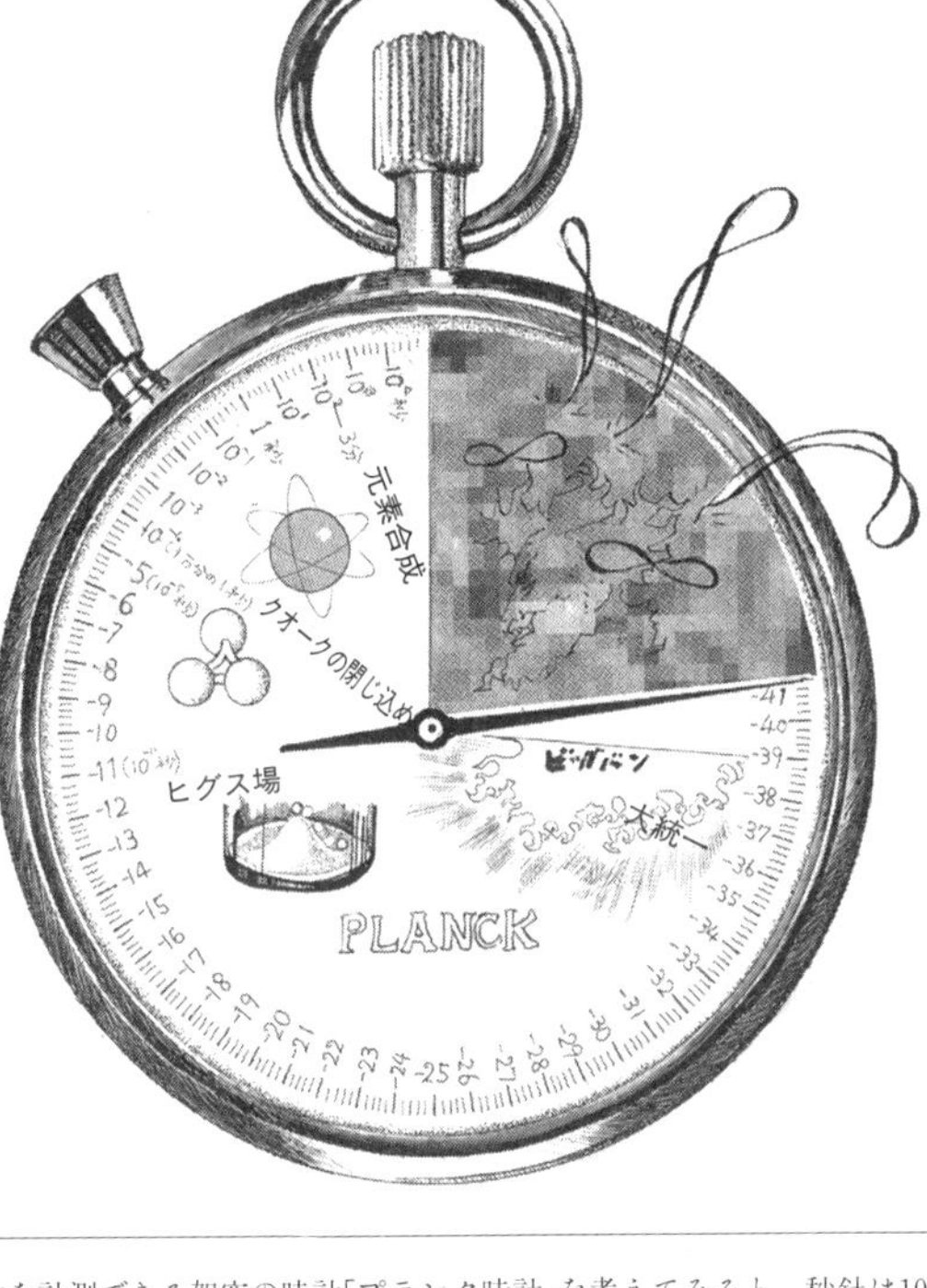

宇宙誕生を計測できる架空の時計「プランク時計」を考えてみると、秒針は10^{-41}秒からしか始まらない。０秒は定義できないのだ

超ひもを訪ねるビッグバンの旅

いまからビッグバン宇宙をはるか過去へとさかのぼる旅をしたいと思います。目的はまず、宇宙創成の謎を知ること。もうひとつは、時間の起源の秘密を探ることです。そして旅の最終目的地では、「実時間」が終わりを告げ、もはや直感的には幾何学は通用せず、「超ひもの幾何学」とでもいうべきものになると考えられます。旅の案内図は、序章で示した「宇宙創成図」(13ページ)です。

円錐形に区切られた各断面には、宇宙と物質誕生のさまざまなドラマが描かれています。またその横には、ドラマが起こった時間を、プランク時間(10^{-41}秒)を出発点として、そこから何秒、何分、あるいは何年たっているかが記されています。

序章で述べたように、宇宙創成図が円錐形で描かれているのは、高温の小さな「火の玉宇宙」として始まったビッグバン宇宙が、膨張し、現在の私たちの宇宙の広さまで広がったことを示しています。ビッグバン宇宙論は宇宙論に興味のある人ならだれでも知っているように、ロシア生まれの物理学者、ジョージ・ガモフの提唱した理論です。この宇宙論は、主に2つの観測によって裏づけられています。

ひとつの観測は、アメリカの天文学者ハッブルによるものです。ハッブルは遠くのいろ

図3-1　ハッブルの観測

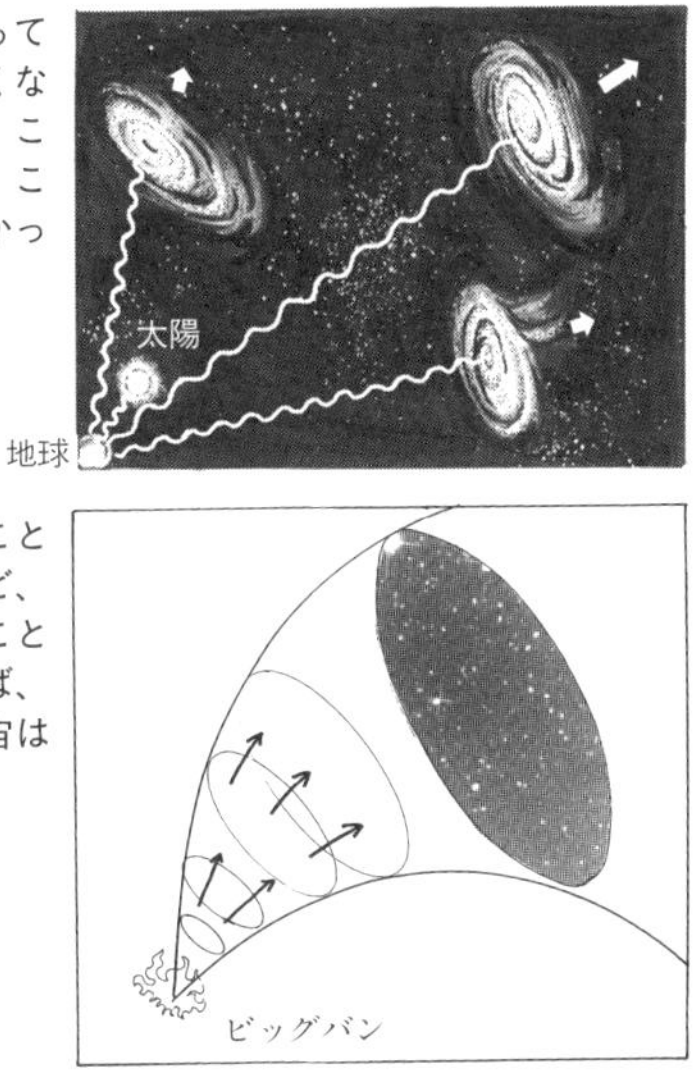

ハッブルは銀河が遠ざかっている方向の光の波長が長くなっていることを発見した。これを「赤方偏移」という。これは銀河がどんどん遠ざかっていることを示している

光が赤方偏移するということは、遠くに見える銀河ほど、どんどん遠ざかっていることを意味する。逆にたどれば、小さなビッグバンから宇宙は膨張してきたことになる

いろな銀河を観測し、それらから来る光の波長が長くなっている、つまり色が赤いほうに偏移《へんい》していることを見出し、遠くの銀河が私たちから遠ざかっていることに気づきました。光のドップラー効果により近づいてくる光は青い光のほう（波長の短いほう）にずれ、遠ざかる光は赤方偏移するからです。

ハッブルは銀河の後退速度vとその銀河までの距離rが比例していることを見出しました。それを式で書くと、$v=Hr$となります。ここでHは「ハッブル定数」と呼ばれている比例係数です。このハ

ッブル定数は宇宙の年齢や大きさに目安を与えました。宇宙という巨大システムを理解するうえで、大きな役割を果たしたといえます。

さて、遠くの銀河ほど速く遠ざかっているということは、逆にたどれば、初期宇宙はほぼ1点から始まったということを示しています。こうしてハッブルの観測はビッグバン宇宙論の先駆けとなったのです。

ビッグバン宇宙論の裏づけとなったもうひとつの観測は、「3K宇宙背景放射」です（第1章64ページ参照）。3K放射は、火の玉宇宙のいわば最終段階である「宇宙の晴れ上がり」の時期から飛んできたものなのです。これが実際に観測されたことにより、ビッグバン宇宙論は疑いのないものとなったのでした。

宇宙誕生から最初の3分間

現在の私たちの宇宙が宇宙初期のビッグバン宇宙からどれくらい時間がたったかを示す「宇宙年齢」は、約137億年といわれています。また宇宙の大きさは、私たちの見える範囲だけに限っても、おおよそ100億～150億光年の広さと考えられています。

その現在の宇宙からさかのぼると、宇宙創成図の案内に従えば、まず「宇宙の晴れ上がり」という状態が見えてきます。序章で触れたように、ここから先の初期宇宙は、私たち

図3-2　3K宇宙背景放射

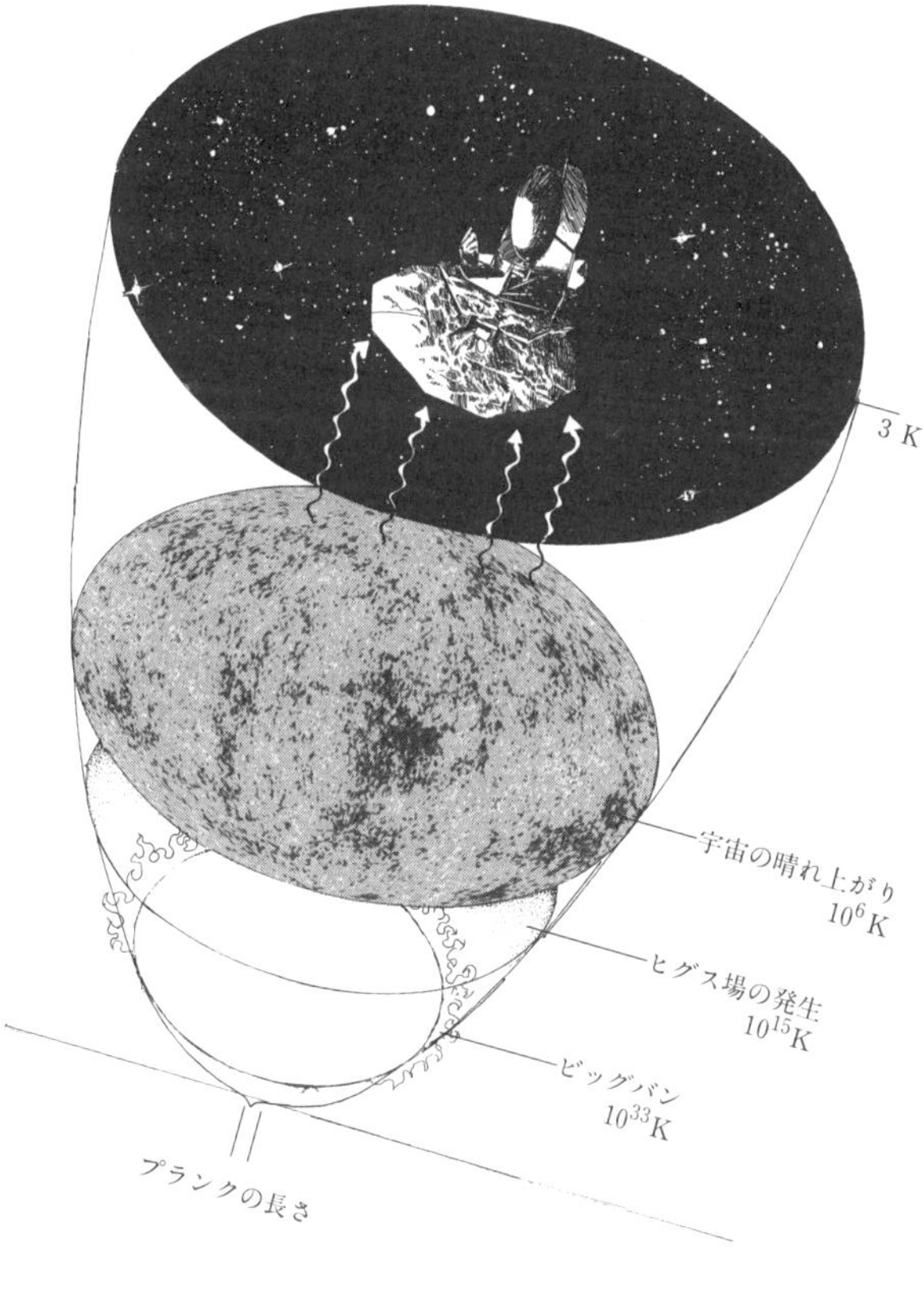

3K宇宙背景放射のゆらぎをとらえる人工衛星WMAPによって、「宇宙の晴れ上がり」以前のビッグバン宇宙の様子がわかるようになった

の肉眼では見えません。なぜなら、そこでは電子はまだ原子核と結合せず、あちこちを自由に飛び回っていました。そのため、光は遠くまで届かないことになってしまいます。だから、ここよりも先の初期宇宙は見えないのです。宇宙はここで初めて電子と原子核が結合し、電子は自由に飛び回らなくなって「曇り」の状態を脱し、晴れ上がります。この「宇宙の晴れ上がり」は、時間にしてビッグバンから4万9000年たったときだと、最新の観測データは教えてくれています。

さらに宇宙をさかのぼると「元素合成」の時期が現れてきます。ここでヘリウム、リチウムなどの、比較的軽い元素が合成されます。はじめはばらばらだった陽子や中性子が核融合反応によってくっつき合い、軽い元素が合成されていくのです。この、軽い元素が合成されたときの時間は宇宙年齢にして約3分。これが「最初の3分間」と呼ばれているものです。

ちなみに重い元素は、宇宙が時間をもっと経たあと、星の内部で、あるいは星の爆発によって合成されたということがわかっています。

さて、さらにさかのぼると、クオークの閉じ込め、クオーク・グルオン・プラズマ状態、ヒグス場が値をもちクオークが質量をもつようになった時期、と続いていきます。物質がどのように誕生したかについてはすでに述べましたので、説明は省きます。ただ、この章では物質誕生の時間発展を追っていきますので、最初の3分間に演じられた数々のドラマがどんな「時間」に起こったかをたどることにしましょう。

軽い元素合成が行われた時間はビッグバンから数えて3分、その前のクォークの閉じ込めが起こるのが1万分の1秒（10^{-4}秒）。ヒグス場の発生は10^{-11}秒、3つの力が統一される大統一の時期は10^{-36}秒です。そして火の玉宇宙の始まった時期は、10^{-39}秒と考えられます。この時期の宇宙で物質（素粒子）が誕生したということはすでに述べました。

現在見えている宇宙の大きさからさかのぼりますと、このときの宇宙の大きさは、だいたいセンチメートルのオーダーよりは大きいことがわかります。実際の宇宙の大きさが、現在私たちが見ている宇宙の果ての何倍あるかはよくわかりませんが、仮にそれを100倍程度とすると、このときの宇宙の大きさは1メートル程度ということになります。それでここまでの叙述では仮に「1メートル宇宙」としたのでした。

ここで65ページに戻って、図1-13を見てください。火の玉宇宙の始まる前に、インフレーションという、劇的なドラマが起こっています。そしてこの指数関数的急膨張をする前の時間が、プランク時間、10^{-41}秒です。プランク時間とは、プランクの長さやエネルギーが、それ以上小さければ時空が定義できなくなる限界値であるのと同様に、それ以上時間が短ければ、やはり時空が定義できなくなるという限界値を表しています。

このプランク時間のとき、宇宙の大きさはプランクの長さ（10^{-33}メートル）と思われます。ここから先は、時間も空間もさかのぼれません。しいて言えば「虚時間」と考えたほうが自然ともいえます。

時間が実時間でなくなる、言い換えれば時間が「虚」になるというのはなかなかイメージしづらいことかもしれません。これについては、この章のもう少し先で述べたいと思います。

その前に、プランク（の）長さの宇宙を見ていただきましょう。そこでの時間は10^{-41}秒、大きさは10^{-33}メートルです。もう少し上の「1メートル」とした宇宙は10^{-39}秒。つまりプランク時間からごくごくわずかな時間がたつあいだに、宇宙の大きさは、10^{33}倍、すなわちプランク長さの1兆倍の1兆倍の10億倍にまで膨張したことになります。これがどれほどの急膨張かというと、水素原子の原子核が、一気に地球の公転軌道（直径およそ3億キロメートル）の300万倍の広さに広がった、というくらいのものなのです。この異常な指数関数的膨張をどう説明したらいいのでしょうか。そこで「インフレーション理論」を見てみることにしましょう。

インフレーション理論とは？

なぜ現代宇宙論はビッグバンの起こる前の初期宇宙にインフレーション理論を導入する必要があったのでしょうか。

いままで述べてきましたように、プランクの長さ（10^{-33}メートル）は長さの基本単位ですから、宇宙はそれくらいの大きさから始まり、しかもそのときの温度はプランク温度（10^{33}K）くらいと考えられます。ところが、実際の宇宙を、温度がプランク温度になるまでさかのぼってみますと、そのときの宇宙の大きさは、プランクの長さよりも30桁以上も大きいということになるのです。これは、素朴に考えたときに比べて、宇宙の曲がりがはるかに小さい、すなわち宇宙が平坦であることを意味します。

ここで「平坦」とは、球面の曲がりが小さいことを指します。月よりも地球のほうが平坦ですし、地球より太陽のほうがさらに平坦です。反対に、プランク温度に対応するプランク長さの宇宙であれば、平坦性はありません。ところが実際には、火の玉宇宙の始まったときの宇宙はそれよりははるかに大きく、平坦でした。

この平坦性の問題を巧みに説明するのが、インフレーション理論です。すなわち、はじめはプランクの長さ程度であった宇宙が、時間とともに指数関数的に膨張し、30桁以上も成長したと考えるのです。これがどのように起こるのか、計算してみましょう。

10^{-33}メートルというプランクの長さから始めて、プランク時間がたつごとに、仮に2

倍に膨れ上がると考えてみます。そうするとプランク時間のn倍がたつごとに、宇宙は2のn乗倍ずつ指数膨張することになります。1メートルはプランクの長さ（10^{-33}メートル）の、およそ2の100乗倍（約10^{30}倍）ですから、プランク時間のざっと100倍の時間がたつと、宇宙は1メートル程度にまで膨張しうることになります。つまりプランク時間の100倍の時間が経過した10^{-39}秒のときに、宇宙は1メートルくらいにまで膨張するという計算になるわけです（図3－3）。

インフレーションのあいだの温度は、ほぼ絶対ゼロ度と考えられます。なぜなら、仮にはじめに粒子がいろいろいたとしても、あまりに急激な膨張によって密度が薄められるため、何もないのと同様に絶対ゼロ度の状態になってしまうからです。このように、インフレーション宇宙とは火の玉宇宙ではなく、冷たい宇宙なのです。

以上をまとめると、プランクの長さの本当の初期宇宙は、絶対ゼロ度、エネルギーについては10^{18}GeV程度のポテンシャルエネルギーをもった高エネルギーの、のっぺらぼうの真空だった。そこから宇宙はインフレーション的急膨張をした。そのとき、10^{18}GeVのエネルギーは温度に化け、絶対ゼロ度だった宇宙はここで「再加熱」され、場が振動し粒子が励起《れいき》され物質が誕生する——これがインフレーション理論の概要です。

図3-3　インフレーション宇宙の膨張

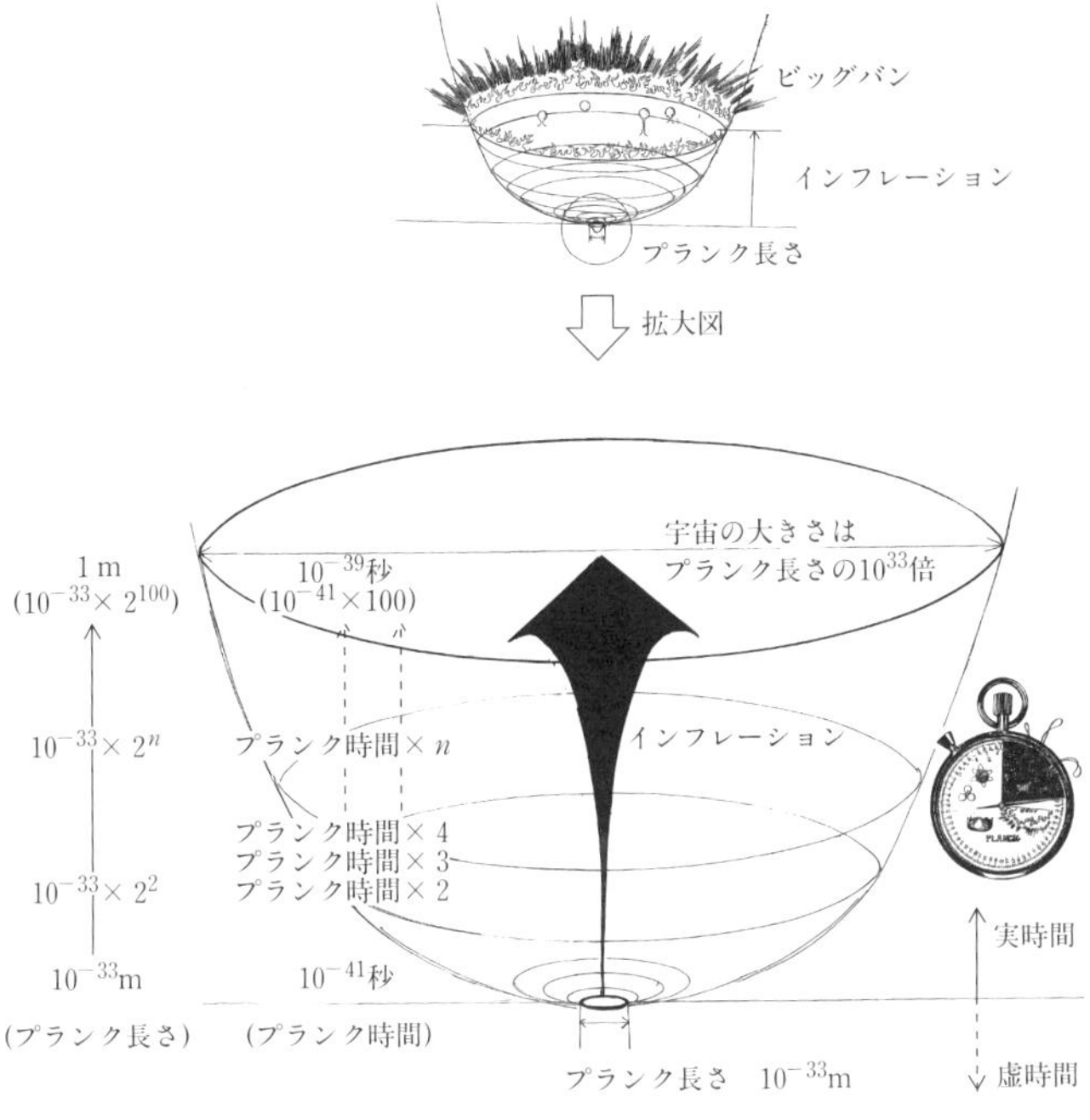
ビッグバン
インフレーション
プランク長さ
拡大図
宇宙の大きさは
プランク長さの10^{33}倍
1 m
$(10^{-33}\times 2^{100})$
10^{-39}秒
$(10^{-41}\times 100)$
$10^{-33}\times 2^{n}$
プランク時間×n
インフレーション
プランク時間×4
プランク時間×3
$10^{-33}\times 2^{2}$
プランク時間×2
実時間
10^{-33}m
10^{-41}秒
(プランク長さ)
(プランク時間)
プランク長さ　10^{-33}m
虚時間

エネルギーのただ食いで宇宙は大きくなった

インフレーションがどれくらいの規模と速さで起こるかを前項に示しましたので、この項では、インフレーションを起こすメカニズムについて説明しましょう。第2章で述べたヒグス場による真空の相転移に類似したイメージでいうと、「インフラトンの図」というもので描くことができます（図3-4）。縦軸は真空のエネルギー、横軸は場の値です。エネルギーのてっぺんは、ヒグス場では100GeVでしたが、インフラトンのてっぺんは10^{18}GeVです。宇宙のはじめには、インフラトン場はてっぺんの値をとっていますが、温度は絶対ゼロ度であるとします。

このてっぺんから転げ落ちるあいだに宇宙は指数膨張をし、「再加熱」と書かれた、エネルギーが最小のところまで来ると、ここで絶対ゼロ度だった真空は10^{18}GeV分のエネルギーをもらって再加熱され、場は振動し、粒子が励起されるという図です。

宇宙が指数膨張してから10^{18}GeV程度の温度に加熱されるわけですから、宇宙全体では莫大なエネルギーを得たことになります。ここで疑問が出てきます。この指数膨張自体のエネルギーはどこから稼いできたのか、と。

ここがインフレーション理論の最も巧みな点ですが、答えをいうと、膨張のエネルギーはどこからも稼いでいません。この膨張のプロセスで勝手に自家調達され、自ら稼いだエ

図3-4　インフラトンの図

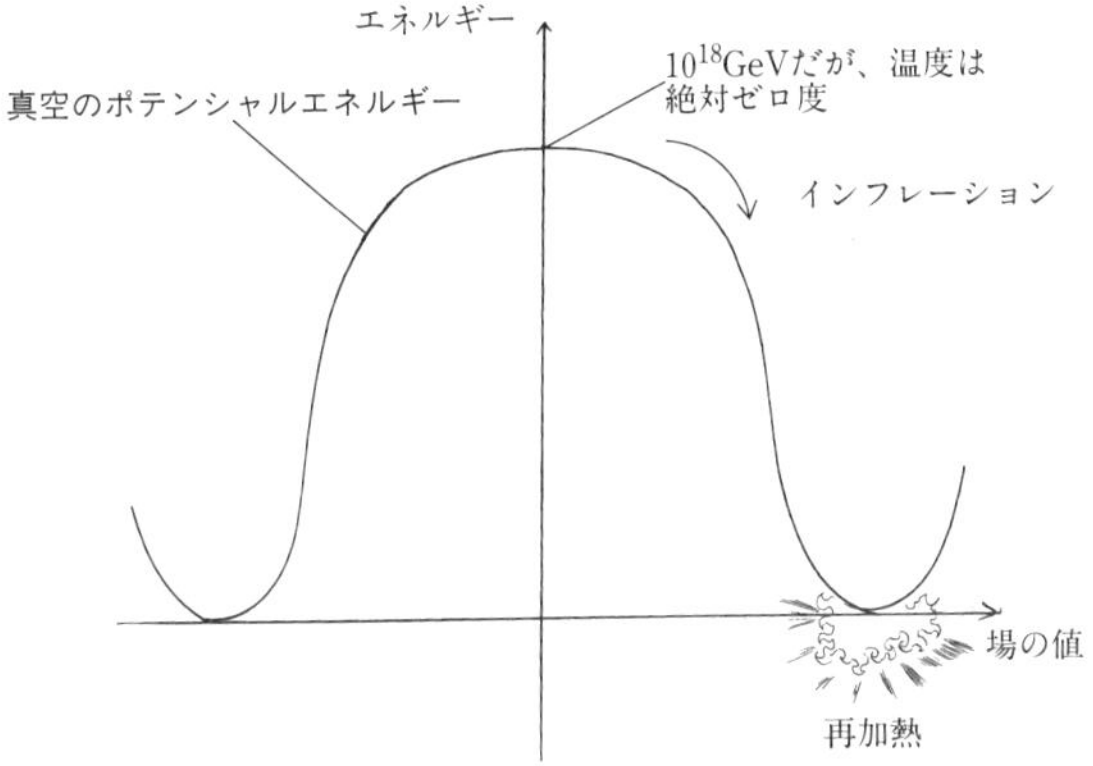

ネルギーで膨らむのです。いってみれば、エネルギーの「ただ食い」ですね。「ただ食い」によって初期宇宙は大きくなったということができます。

なぜそんなことができるのか。なかなか理解しづらいことかもしれませんが、エネルギーのただ食いができる根拠は、実はアインシュタイン方程式から導き出されます。アインシュタイン方程式に現れるエネルギーには、「真空のエネルギー」も含まれています。それはこのインフラトンの図で描かれた真空のポテンシャルエネルギーに相当します。図を見ると、この真空のポテンシャルエネルギーは正の値をもっていることがわかります。

それからもうひとつ重要なこととして、このインフラトンの図は、図のてっぺん付近の勾配はほとんどなく平らに描かれています。つまりこのエネルギー曲線は再加熱のポイントまであまり速く転げ落ちずに、もたもたと時間だけ稼ぎながら、宇宙の大きさだけが急速に膨らんでいくことを表しています。言い換えると、てっぺん付近のエネルギー曲線は、宇宙が指数関数的に膨張しているにもかかわらず、あまり運動をしていないということを意味しています。

　ところでこの真空のポテンシャルエネルギーが正の値で、しかもあまり運動をしない状態では、アインシュタイン方程式を解くと、圧力が負になることがわかっています。そして、圧力が負になると膨張エネルギーは自家調達され、勝手に膨らむということが起こりうるのです。つまりエネルギーのただ食いをして膨らむ。たとえてみれば、風船を膨らませるのに、空気を入れなくても勝手に膨らむという不可解な現象が起こるわけです。

　ふつう私たちのイメージする圧力というのは正の圧力ですね。常識的にいって正の圧力の場合、風船を膨らます場合でもそうですが、膨らむと中のエネルギー密度は減ります。ところが圧力が負に対応していると、エネルギーは減るどころか膨張とともにエネルギーをもらって増えることになるのです。

　直感的にはどうしても理解しづらいと思います。そこで図の助けを借りながら説明しましょう（図3-5）。いま、ゴム風船があるとします。ふつうの風船では、膨らませるために

図3-5　「エネルギーのただ食い」のイメージ

風船を膨らませるにはエネルギーを注がなければならない。そのエネルギーは、正の圧力では外に向かって仕事をすることに費やされる

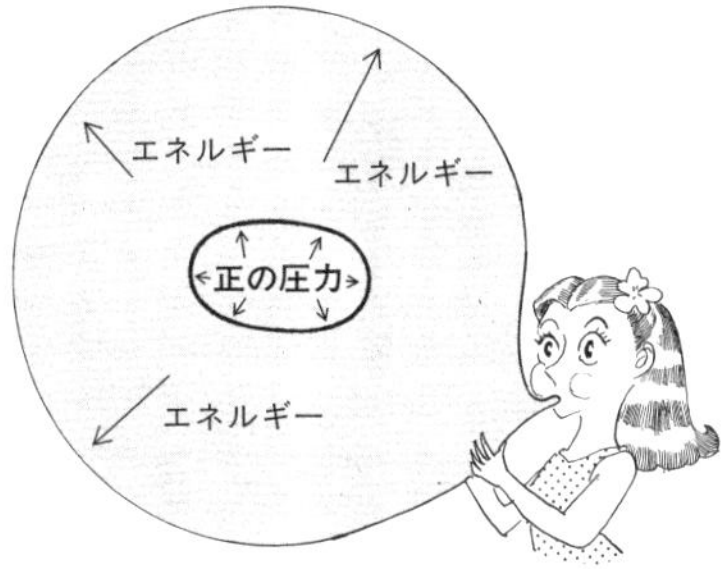

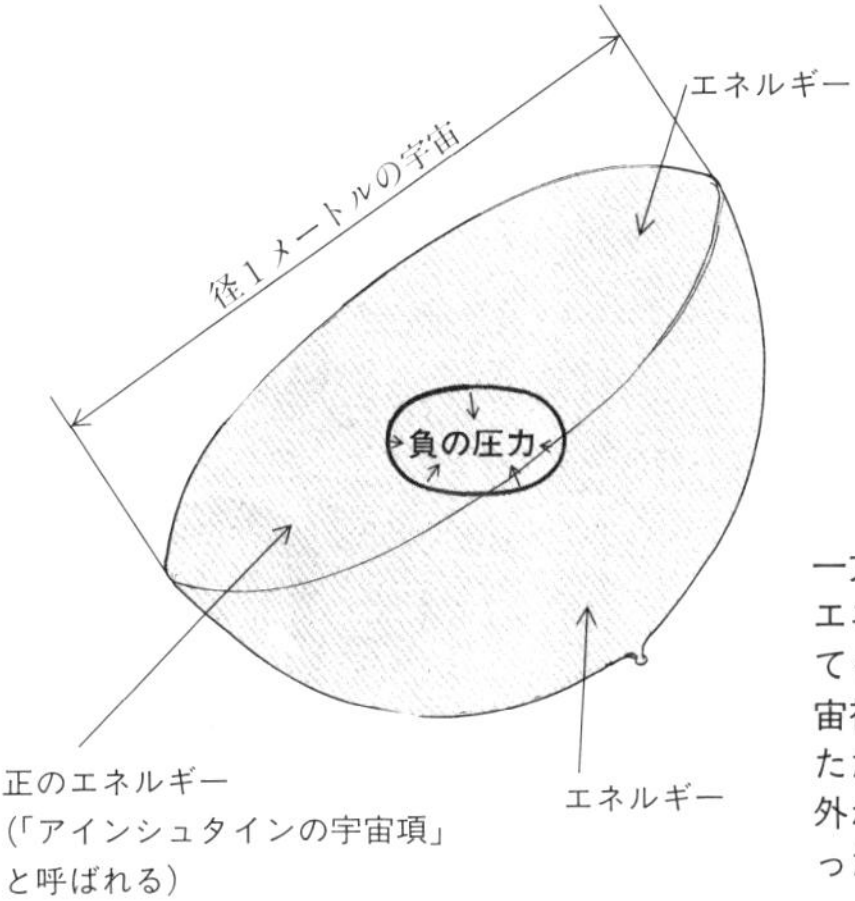

一方、負の圧力の場合、エネルギーを注入しなくても、勝手に膨らむ。宇宙初期は圧力が負であったために、膨張とともに外からエネルギーをもらったことになる

はエネルギーを注がなければなりません。というのは、風船には外側から内部に向かって力（この場合は主にゴムの張力ですが）が加わっているため、その反対の向きにそれ以上の力が必要になるからです。ですから、新たなエネルギーが注がれてはじめて、正の圧力でもって風船は膨らむことになります。

ところが、圧力が負である場合は、外から風船を縮ませる方向に働く力とは反対の力が働きます。そして風船は勝手にどんどん膨らんでいき、それとともにエネルギーは、いわば外から吸い取られる格好になります。そうするとエネルギーは無尽蔵に作り出せることになるのです。

かくして、プランク長さの宇宙は指数関数的に膨張します。インフレーション理論によれば、インフレーションはこのエネルギーの「ただ食い」によるものなのです。

アインシュタインの宇宙項

インフレーション理論のいう膨張の説明は、アインシュタイン方程式から導かれました。もう一度簡単にまとめますと、運動をあまりしないで真空のエネルギーが正の場合、圧力は負になるというのが、ここでの重要な結論です。

まだ呑み込みづらいかもしれません。私たちは、常識的にいって、圧力というのは、そこにぽんと風船があると正の圧力があると無条件に思ってしまいます。しかし、圧力という力がなぜ生まれてきたのかという根源を問い詰めれば、結局、それは粒子が運動している結果として出てくるものなのです。逆にいえば、運動をあまりしないでエネルギーだけ稼いでいると、実は圧力は負になるのだというのがアインシュタインの結論なのです。

この負の圧力を生み出す真空の正の値をもったエネルギーは、「アインシュタインの宇宙項」という名で呼ばれています（127ページのコラム2で紹介したアインシュタイン方程式の左辺に加えられた定数。のちにアインシュタイン自身によって消去された）。宇宙項は、インフレーション膨張の時期に使い果たされたと思われがちですが、実は、いまも少しは宇宙項が残っているらしいということが、最近のWMAPの観測からいわれています。ということは、宇宙はいまもエネルギーのただ食いによる膨張をしていると考えられます。

もちろん初期宇宙に起こったような急激な膨張ではありませんが、もっと低いオーダーのエネルギーでただ食いは起こっているといわれています。なぜこのような話を持ち出したかというと、宇宙は今後どれくらい膨張するのか、あるいは収縮に転じ、終焉《しゅうえん》を迎えるのか、ということを論ずるうえで、この少しは残った宇宙項がかなり大きな働きをしそうだからです。

さらにもうひとつ、つけ加えておかねばならないことがあります。それは、ここで話したインフレーション理論を素粒子物理学者の立場からいうと、必ずしもそのまま鵜呑《うの》みにはできない、ということです。

巧みに編まれたかに見えるインフレーションの理論ですが、いくつかの点で疑問の余地があります。

そのひとつは、インフラトンの図のポテンシャルエネルギーのような曲線は、かなり人為的な仮定をしないとありえず、あまり自然なものとはいえない、ということです。

また、インフレーション理論では宇宙初期にインフラトンが特別な状態から始まったとしていますが、なぜこのような状態から始まったのか、という問題があります。インフレーション理論は、それには答えていません。最初から仮定として導入されているだけなのです。

われわれは超ひも理論からのひとつの試みとして、代わりにインフラトンを仮定しない「サイクリック宇宙論」を提出しました。これはビッグバン—ビッグクランチを繰り返しながら宇宙は成長してきたとするものですが、この宇宙像については巻末付録を読んでいただくことにして、いまはビッグバンの旅を続けましょう。舞台はいよいよ、時間の起源と超ひもの世界へと移ります。

超ひもの幾何学

序章の扉のイラスト（11ページ）をもう一度見てください。これは宇宙創成図の拡大図で、プランクの長さの下のほうに矢印で、「虚時間」と書かれています。空間的には、なにかユニットで区切られたように描かれています。これは、粒子が存在する世界は各点で定義された時空――たとえていうと小さな点で描かれた点描の世界像――であるのに対比して、この領域はなにか泡か細胞のようなユニットの塊で構成された世界像として描かれることを表したものです。

もちろんこの図は、ほかに描きようがないからこう描いたという、便宜的なものにすぎません。しかし、私たちの日常住む世界を点描の世界とした場合、プランクの長さ以前の宇宙は、それとはどうやらぜんぜん違う世界像だったらしいことを表しています。

このプランクスケール以前の領域では、通常の幾何学はもはや通用せず、「超ひもの幾何学」とでもいうべきものに置き換わると、われわれは考えています。

これは必ずしも宇宙の始まりだけのことではありません。私たちの身のまわりの時空でも同じことがいえます。

私たちは、時空は連続的なものだと感じています。すなわち、時空とは滑らかなものであり、点の集まりであると感じているわけです。ところが、これをプランクの長さ程度まで拡大してみますと、超ひも理論の立場では、点が滑らかに詰まっているようなイメージではなくなってきます。むしろ、輪ゴムのようなひもが集まってできたもの、いわばプランクの長さ程度の泡や細胞のようなものの集まりといった感じになっているように思われるのです。

湯川秀樹と「素領域」

このように点描の世界を捨て、ひもという広がったものを考える大きなメリットとして、物理学者を悩ませた重力の発散の問題が解決できることがあります。

ちなみに超ひも理論以前にも、点粒子の描像でなく、広がりのあるものの相互作用を考えようとして、時間・空間の分割不可能な最小領域に言及した先覚がいました。それが、湯川秀樹です。湯川さんはそれを、「素領域」と名づけています。

学生時代に読んだ湯川さんの「素粒子論」の「素粒子と時空」（初版『岩波講座　現代物理学の基礎II』）に、素領域論は書かれています。そこには唐代の詩人李白の詩から、「天地は万物の逆旅《げきりょ》にして、光陰は百代《はくたい》の過《か》客《かく》なり」を引用してありました。逆旅とは宿屋のこと。万物はその宿屋のどの部屋かに泊まる旅人のことだが、天地を時空全体に、万物を素粒子に置き換えたらどうだろう……などと述べながら、素粒子論を展開します。すると、部屋のひとつひとつが分割不可能な最小領域、「素領域」ということになります。そしてそれに適合するように、素粒子も広がりを持つと、湯川さんはいうのです。

そのようなユニットが詰まった時空間という考えは、前項に述べたプランクスケールの時空に通ずるものがあると思います。

難しい素粒子論を李白の詩を引用して語っている。こんな話はふつうの物理の教科書には決して書いていませんし、それがまた面白かったのですが、いま改めて、この素領域論が示唆的なものに感じられるのです。

宇宙のタネと虚時間

ここで、プランクスケール以前の虚時間からどうやって実時間が生まれ、いまの私たちの時空としての宇宙が誕生したのかについて述べることにしましょう。

この宇宙がどうやって誕生したのかということに関しては、有力な説として、「ビレンキン宇宙」というものがあります。図3-6（151ページ）で説明をしますと、縦軸はポテンシャルエネルギー、横軸には宇宙のその時点での大きさを宇宙の半径で表しています。そして横軸の原点から少しだけ離れた点が、プランクの長さを指します。

ただ細かいことをいえば、プランクの長さより短い長さはないわけですから、原点ゼロから宇宙の広さを記述するというのは厳密には誤りです。ビレンキン宇宙の図というのは、一般相対論を用いた図なのでこういう図になるということであって、本当は超ひも理論のような別の力学で置き換える必要があります。

ともあれ、いま、このなかをある粒子が運動すると考えます。粒子とはいわば、宇宙をつくる元ダネと考えてさしつかえありません。粒子の全エネルギーは、位置エネルギーと運動エネルギーの和で表されます。ところで古典的な力学では、粒子のエネルギーよりも、このポテンシャルエネルギーのほうが高い場合、このポテンシャルエネルギーの山を越えて反対側に出ることは決してできないことがわかっています。この障害になるエネルギーの壁のことを「ポテンシャルバリヤー」と呼びます。

図にそって説明すると、宇宙のタネは、ポテンシャルバリヤーがあるために、プランクの長さまで決して抜け出ることはできません。ところが、量子力学の世界ではこれが可能になります。どうなるかというと、宇宙のタネは、山のてっぺんに登らず、エネルギーの山にトンネルを掘るようにしてプランクの長さまで抜け出ることができるのです。

この現象を、量子力学の「トンネル効果」といいます。トンネル効果というと、ビッグバンの提唱者ガモフによるアルファ崩壊の理論が有名です。ガモフはアルファ線が原子核を抜け出す問題に、トンネル効果を用い、見事にアルファ線放出の実験的結果を説明して

熱力学時間の矢というのは、日常生活の感覚とも結びついており、まだまだ調べなければならない内容を多く含んでいるようです。しかし、これは素粒子論的な問題、たとえば先に述べましたように、なぜ時間だけがほかの空間座標と逆の符号で現れるのかといった問題とは、本質的に異なったレベルに属する問題と思われます。

素粒子論的なレベルでとりわけ重要なのは、プランクの長さ程度の領域です。この領域では、これまで考えられていた時空の概念に本質的な変化が起こると思われます。つまり、時空は滑らかなものではなくなり、湯川さんが述べた「素領域」のようなものが見えてくるのではないかと考えられるのです。

私はこの領域について、次のようなイメージをもっています。すなわち、プランクの長さくらいの細かさで見ると、時空はもはや滑らかな点描の世界ではなく、「素領域」的な、泡か細胞のようなユニットの集まりに見える。そして、それらが集団で運動しているのが、ひもに見えるのだろうと。さらにいえば、そのひとつの集団は、のちに述べる行列模型そのものなのであろうと考えています。

そこで時間と空間の違いがどのような意味をもっているのか、まだわかりません。超ひも理論が完全に解け、定式化されれば、もっと詳しい時間と空間の描像が得られると思います。

最後に、超ひも理論から示唆される時間の著しい性質を、ひとつ述べておきましょう。第1章の終わりに「Tデュアリティ」について述べましたが、時間についても同様の現象が起こりえます。すなわち、プランク時間（10^{-41}秒）の2分の1の時間は2倍の時間に等しいということがありうるのです。

短い時間は長い時間に等しい——禅問答みたいですが、超ひも理論ではそういうことも、必ずしもナンセンスではないのです。

コラム3 「プランク時計」があったなら

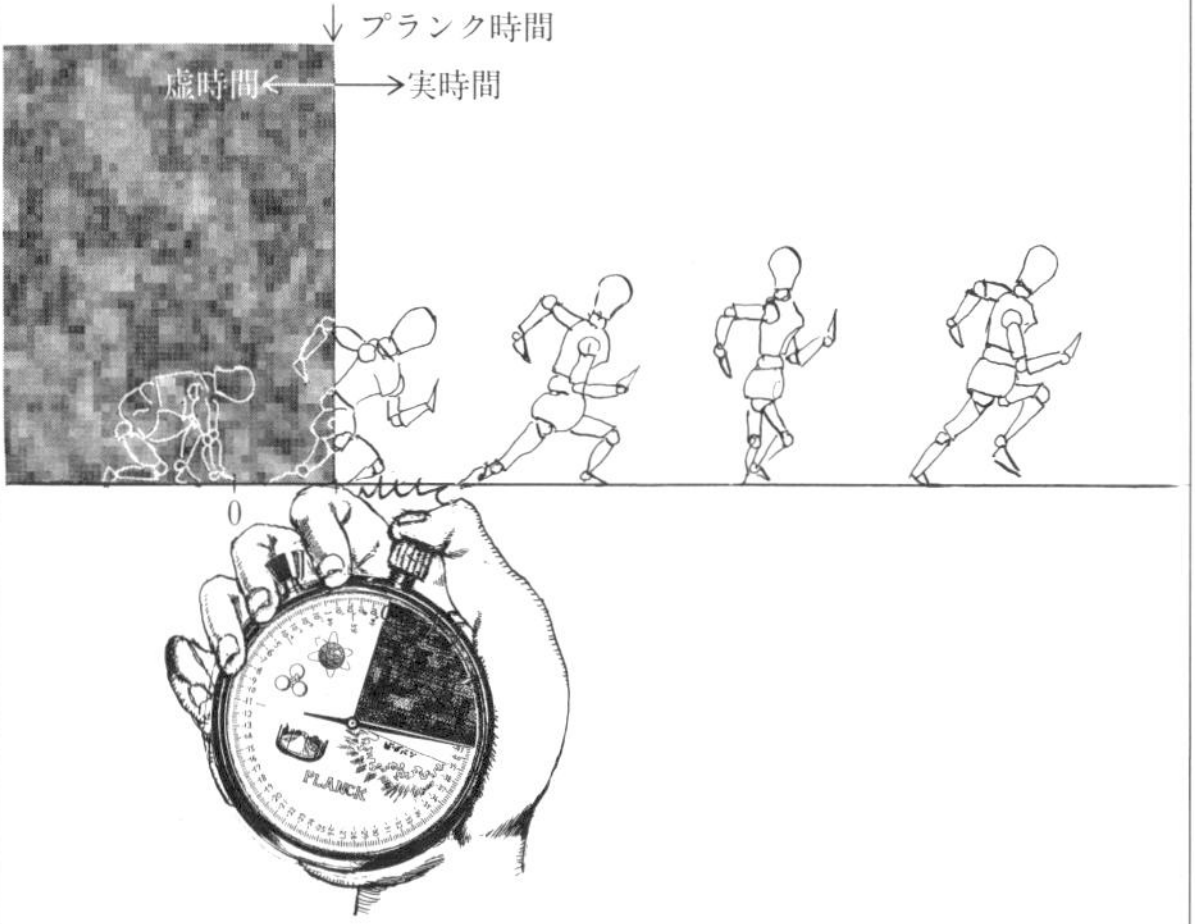

「プランク時計」は架空の時計だ。ただし本論で述べる、宇宙誕生時の時間の不思議な性質を忠実に映し出している。

宇宙誕生の瞬間の時間「0」は定義できない。だからこの時計には0秒がない。時間は10^{-41}秒から始まっているのだ。この10^{-41}秒という時刻は「プランク時間」。これ以前は時空は仮想的にしか存在しえないという、時間の限界値だ。

私たちにとって時空が定義できない状態を想像することほど呑み込みづらいことはない。しかし次のように考えてみたらどうだろう。いま、100メートル走にこのプランク時計を用いたとする。この時計はプランク時間（10^{-41}秒）以前を計測しないので、図のように、ランナーはあたかもスタートダッシュの途中から走り出したかのように見える。時間というのは、そのように、宇宙誕生時のどこかで〝唐突に〟始まったと考えられるのである。

（高橋繁行）

第4章　超ひも理論の歴史

10次元宇宙のなか、関数$X^{\mu}(\sigma)$で表される超ひもの挙動のイメージ。下左は南部陽一郎、右はジョン・シュワルツ

20世紀の物理学史を概観する

この章では少し趣向をかえて、超ひも理論の歴史を振り返っておこうと思います。そのためにはまず、超ひも理論が新しい理論としてどのように導入されたかという背景をさぐる意味で、20世紀の物理学史を概観しておく必要があるでしょう。超ひも理論に至るチャート図（168～169ページ図4-1）を参照しながら読んでください。

科学に新しい扉を開け、20世紀の物理学を特徴づけたのは、なんといってもアインシュタインの一般相対性理論と量子力学、この2つに尽きるでしょう。一般相対論は、前世紀までの物理学を支配しつづけた万有引力の法則に決定的な修正を迫り、これ以降の時空のとらえ方を規定した新しい理論であり、宇宙論をも大きく塗り替えることになりました。他方、原子より小さいミクロの物質のふるまいを記述することに成功した量子力学は、ある意味では一般相対論以上に世の中に浸透し、理論は実用化され、20世紀の巨大産業を生み落としました。原子力エネルギー、レーザーや半導体などの技術や高度な情報化は、量子力学の成果抜きに語ることなどまったく不可能です。

また20世紀の物理学を特徴づける研究としては、自然界の4つの力の統一問題があげられます。4つの力のうち重力と電磁力は前世紀までにすでに発見されていましたが、この

2つに加え、ミクロの世界の力として、弱い力と強い力の発見がなされました。

ちなみに図に沿って付け加えれば、強い力は湯川秀樹が「中間子論」で説明しましたが、その前に実はガモフが原子核からアルファ線がトンネル効果によって抜け出ることの説明に成功し、その後の核力、核構造の理解に記念すべき第一歩を記しています。ビッグバン理論で有名なガモフの最初の大きな仕事は、強い力の発見に寄与したことだったのです。

こうして別々に4つの力が発見されたわけですが、それればかりではありません。これらの4つの力は別々のものではなく、もとはといえば1つの力であったのではないかという展望のもとに、力の統一理論が展開されるようになりました。素粒子物理学ばかりでなく、現代宇宙論の飛躍的な発展も、統一理論抜きでは語れません。

アインシュタイン方程式と量子力学はここでも大きな役割を果たしています。アインシュタインは、物理現象が確率でしか決められない量子力学を嫌い、「神はさいころを振らない」という有名な言葉を残して、量子力学と決別し、統一場の理論を模索するようになりました。

残念ながらそれはあまり成功したとはいえませんが、量子力学のほうは場自身を量子化することによって、「相対論的量子力学」として発展していきました。これが図にある

図4-1　超ひも理論への道

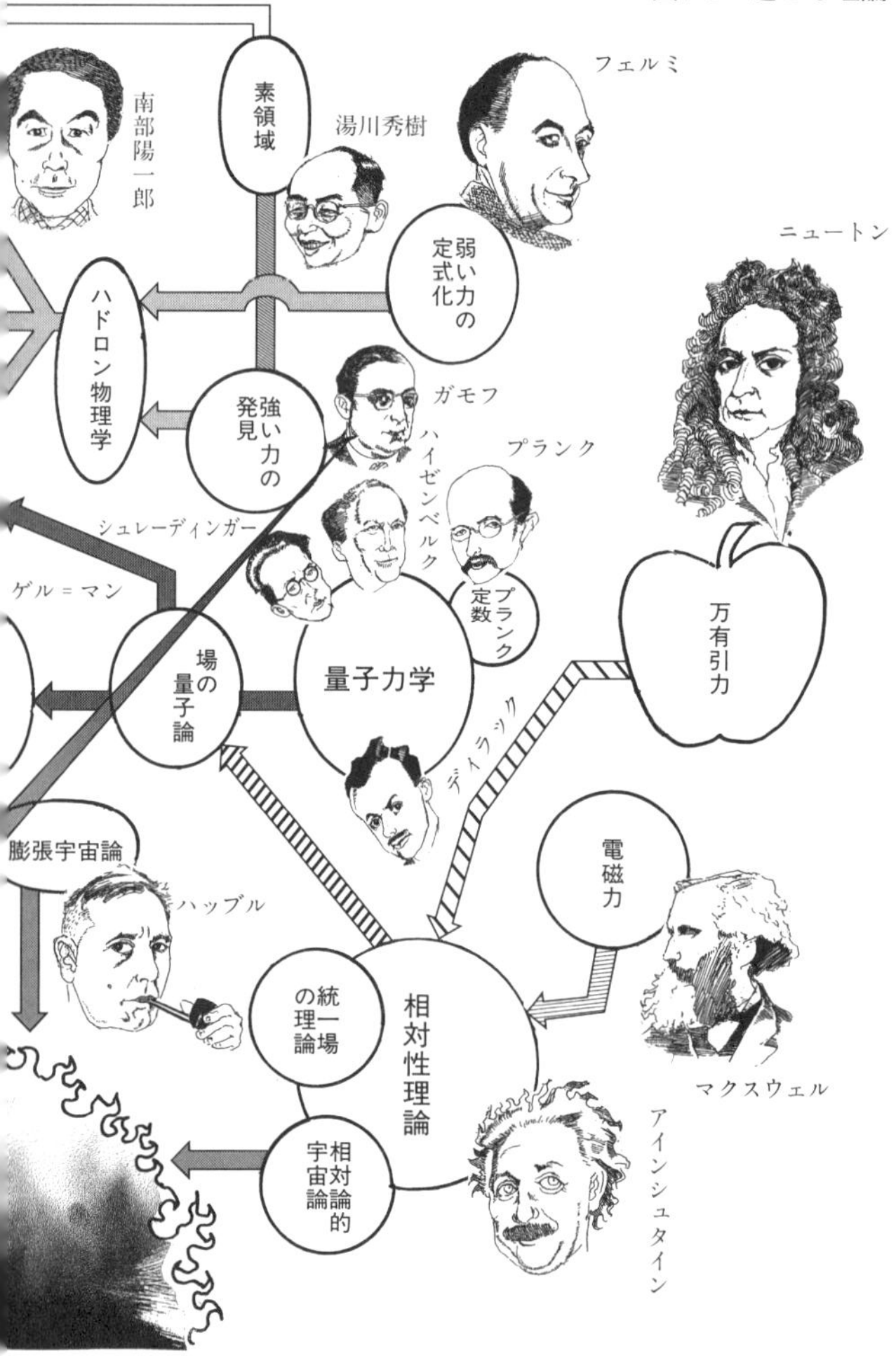
フェルミ
湯川秀樹
南部陽一郎
素領域
弱い力の定式化
ニュートン
ハドロン物理学
ガモフ
強い力の発見
ハイゼンベルク
プランク
シュレーディンガー
ゲル＝マン
プランク定数
万有引力
場の量子論
量子力学
ディラック
膨張宇宙論
電磁力
ハッブル
統一場の理論
相対性理論
マクスウェル
相対論的宇宙論
アインシュタイン

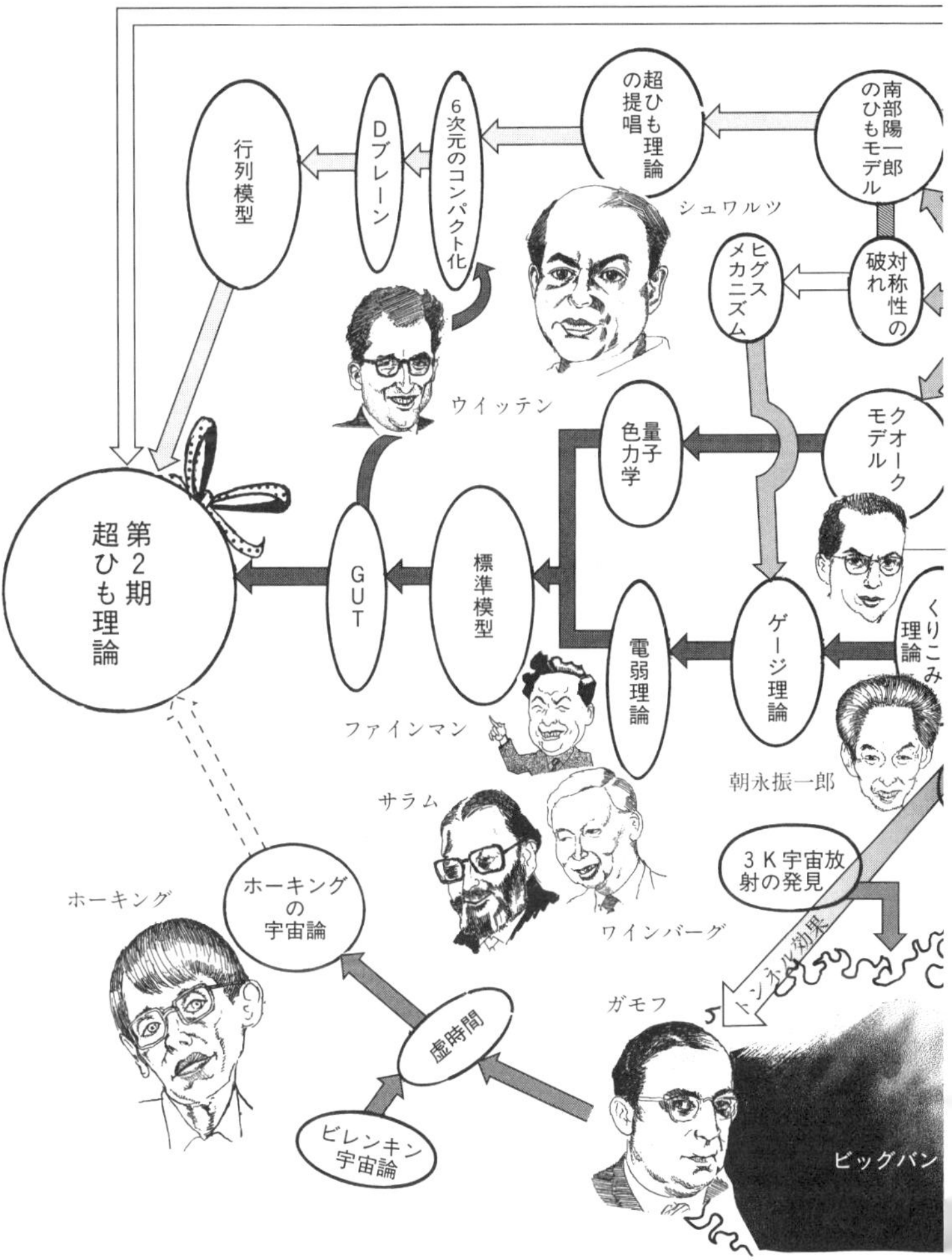

南部陽一郎のひもモデル
超ひも理論の提唱
6次元のコンパクト化
Dブレーン
行列模型
シュワルツ
対称性の破れ
ヒグスメカニズム
ウイッテン
クオークモデル
量子色力学
第2期超ひも理論
GUT
標準模型
電弱理論
ゲージ理論
くりこみ理論
ファインマン
朝永振一郎
サラム
ワインバーグ
3K宇宙放射の発見
トンネル効果
ホーキング
ホーキングの宇宙論
虚時間
ビレンキン宇宙論
ガモフ
ビッグバン

「場の量子論」といわれるものです。素粒子物理学は、場の量子論という枠組のなかで、力の統一を目指して発展してきたといえます。

しかし場の量子化には、大きな難題が持ち上がりました。すでに述べたように、量子力学の確率振幅の計算のさいに生じる発散の問題がそれです。これを解決したのは朝永振一郎らによるくりこみ理論でした。40年代に創始されたくりこみ理論は、その30年後にゲージ理論にもとづいた標準模型あるいは大統一理論（GUT）として完成することになり、重力を除く3つの力が統一されるまでの成果をあげます。

しかし、70年代に黄金時代を迎えるまで、ゲージ理論の歩んだ道は平坦なものではありませんでした。50、60年代には、ゲージ理論に対する認識は低く、のちにノーベル賞を受賞するワインバーグ－サラムの「電弱理論」でさえ、必ずしも真価が理解されてはいませんでした。一方、「強い力」についても、物理学者たちは有効な理論を探り当てることができず、場の理論では記述できないのではないかとさえ思われていたのです。そのような状況で登場したのが、南部陽一郎の「ハドロンのひもモデル」といわれるものです。

ハドロンのひもモデル

南部陽一郎のハドロンのひもモデルは、今日の超ひも理論の原型になる研究として、多大の影響を与えています。ただし、いまの超ひも理論とちがうのは、現在の理論がプランクの長さでふるまう物質の究極の姿として描かれているのに対して、南部さんのひもモデルは「ハドロン」と呼ばれる粒子の正体がひもなのではないかと考えたことにあります。ハドロンとは、陽子・中性子・中間子といった、強い相互作用をする粒子の総称です。南部さんのハドロンのひもモデルの発見は、60年代後半のことでした。まだクォークが発見されたばかりで、当然、量子色力学も登場していない頃のことです。

ハドロンのひもモデルが登場した背景には、当時の素粒子物理の進展があげられます。60年代といえば旧ソ連が世界初の有人宇宙飛行に成功するなど人類の宇宙時代の幕が開いた時代ですが、素粒子物理の世界では、素粒子実験のための巨大加速器がはじめて作られ、次々と新しいハドロンの存在が確認されました。これらの粒子はいまから考えると、クォークや反クォークがグルオンの交換によって結びついた系のさまざまな励起状態にすぎないのですが、当時の人々は、「素」な粒子がたくさん現れたことに少なからず当惑したようです。

そういう状況のなかで、素粒子物理学者を困惑させる、ハドロンの特別な性質が発見されました。私の先生にあたる猪木慶治と松田哲によって加速器実験の結果の解析から発見された「ハドロンのデュアリティ（双対性《そうつい》）」（後述）といわれるもので、それは当時の場の理論の常識を覆すものでした。

この難題に挑み、最も端的な表現による数学的記述に成功したのがベネティアーノというイタリアの物理学者で、彼の提唱したモデルは「ベネティアーノ振幅」という名で呼ばれています。

その後、このベネティアーノ振幅の背後にひそみ、この振幅を生み出している力学的なシステムは何なのかについて、当時デンマークにいた木庭二郎、ニールセンなど、いろいろな人がモデルの構築を試みました。そのなかでハドロンのデュアリティの謎に明快な答えとして「ひもモデル」を提唱したのが、南部陽一郎だったのです。

ハドロンの正体が1個のひもだというのは、今日から見ればかなり粗い近似です。そののちハドロンは量子色力学で完全に記述されていることがわかりましたが、ハドロンのひもモデルが唱えられた頃は、クオークモデルはすでに提唱されてこそいたものの、まだまだ完全に受け入れられる段階ではなかったのです。

そもそも「クオーク」という言葉は、かもめの鳴き声で、提唱したゲル＝マン自身が必ずしもその実在を信じていなかったところからつけられた名前です。クオークモデルとゲージ理論はその10年後にはだれもが認める盤石の理論となりましたが、60年代までは、物質の究極の姿はそのようなちゃちな理論では表せないだろうと思われていたのです。

そういうわけで、南部陽一郎のハドロンのひもモデルは大きな反響をもって受け入れられました。それまで粒子一辺倒だった学界にあって、究極の構成要素として「ひも状」の物質を着想するというのは、いまから思えばかなり大胆な感じがしますが、クォークモデル自体がまだ認められていなかった時代ですので、ひもモデルはごく自然な流れのなかで受け入れられていったというわけです。

ひもモデルとは別個にもうひとつ、南部さんの功績で重要なのは、「対称性の自発的な破れ」という、のちにゲージ理論の中軸になるキーワードを提案していることです（第2章参照）。チャート図に示したように、「対称性の破れ」という考え方は、ヒグスメカニズムの理論に継承され、標準模型の完成につながります。南部さんは、ひもと点粒子という2つの描像の両方に足を踏み入れ、素粒子論の2つの歴史的な舞台を大きく回す役割を果たしたことになると思います。

南部－後藤アクション

ハドロンのひもモデルは、今日の目から見ても、大きな示唆を与えてくれます。ひもモデルでは、ひもが振動するとその状態に応じて、遠くから見たときに陽子や中性子などのいろいろなハドロンに見えるのだと考えられました。つまり、第1章で述べたように、超ひもの振動がそのモードの違いに応じてクォークやレプトンに見えるという超ひも理論のアイディアと、基本的には同じことをいっているのです。

次に、ひもモデルがどのようなものか、少し詳しく述べてみましょう。

ひもの挙動の計算法は、量子力学的な手法にのっとっています。量子力学における運動の計算は、粒子が伝播するときのいろいろなパス（経路）について確率振幅の足しあげをすることだと、先に述べました。点粒子の運動の場合は、パスとは時空のなかの曲線を表すことになりますが、ひもの場合は、たとえば図4-2のように閉じた「輪ゴム型」であれば、パスとしては時空のなかの筒を考えることになります。これを「世界面」といいます。ところで、図は便宜的に3次元で表していますが、実は、ひもは10次元時空のなかで動いているとします。

南部さんは、パスごとの確率振幅がどれくらいになるかを簡単な式で表すことに成功しました。ちょっと専門的になりますが紹介しておきましょう。

まず一般に量子力学では、確率振幅の足しあげは次のような形になります。

$$\int e^{\frac{i}{\hbar}S}$$

ここで積分記号∫《インテグラル》はパスについての足し合わせを示します。eは自然対数の底、i

図4-2　ひもの挙動の例

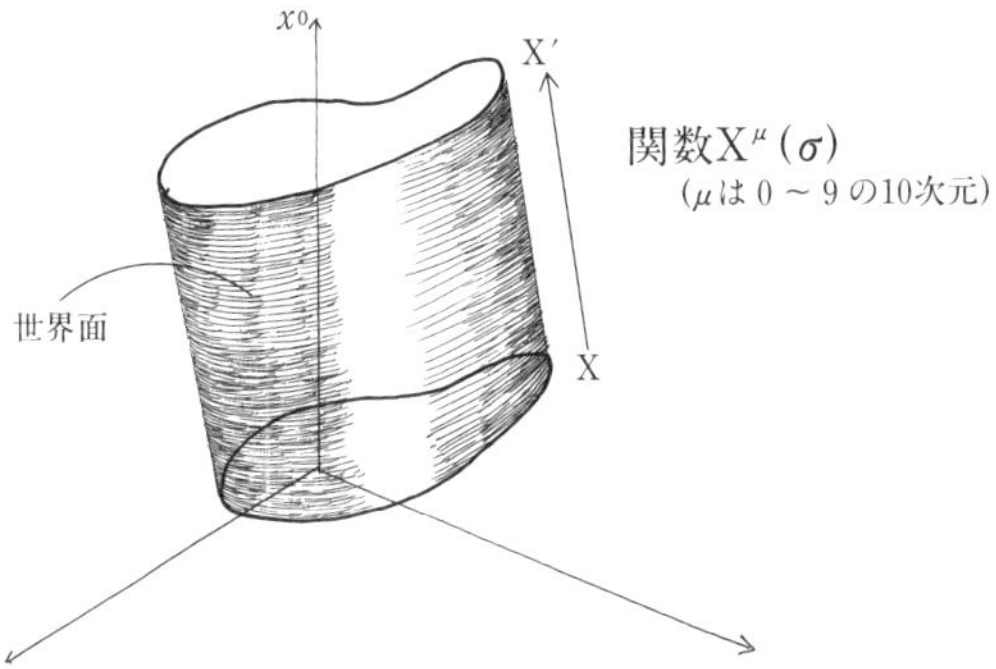

は虚数、$\hbar$はプランク定数（$\hbar = h/2\pi$）です。Sは「作用」と呼ばれるもので、仮想的なパスを1つ決めると、それに対して実数値が1つ決まるようなものです。このように、系を量子力学的に記述するためには、作用の具体的な形を決めてやればいいのです。

南部さんは、ひもの作用としては世界面の面積をとればいいということを発見しました。この作用は、南部さんと同時期に独立して発見した後藤鉄男にちなんで「南部－後藤アクション」と呼ばれています。アクションとはもちろん「作用」のこと。ちなみに後藤さんは湯川秀樹の教えの流れを汲《く》み、場の理論の研究の延長線上で、南部さんと同様、ひもモデルを発見した人です。

要約すると、南部さんはまずハドロンのひ

ものパスごとの確率振幅である「作用S」を決めました。作用が決まれば、あとは無限にあるパスの足しあげをすることによって、ひもの運動の全貌が明らかになるというわけです。

南部が解いた「ハドロンの謎」

さて、南部陽一郎のひもモデルが注目を浴びた大きな理由のひとつが、「ハドロンのデュアリティ」の謎を明快に解いてみせたことでした。デュアリティといえば、第1章で「Tデュアリティ」というものについて述べましたが、あれはプランクの長さ、あるいはプランク時間などの双対性についてでした。ここでいう「ハドロンのデュアリティ」は、そのTデュアリティとは異なる現象を指します。

いま、加速器でハドロンであるパイ中間子（π^+）と陽子（p）をぶつけてやると、途中で「デルタ粒子（Δ^{++}）」と呼ばれる粒子を生成し、それが再びパイ中間子（π^+）と陽子（p）に壊れる、という反応が得られます。パイ中間子（π^+）と陽子（p）は伝播の途中でぶつかるとその相互作用により合体し、デルタ粒子（Δ^{++}）を生成するというわけです。このΔ^{++}が生成される回路を、専門家は「sチャンネル」と呼んでいます（図4-3）。

ところで、これとはまったく違うパスも考えられます。すなわち、陽子とパイ中間子が伝播途中に互いにロー中間子（ρ）を「交換」し合うという反応が起こりえます（図4-4）。このρが交換されるパスを、「tチャンネル」と呼びます。

さて、謎はここからです。sチャンネルとtチャンネルは、2つとも同じ陽子とパイ中間子の散乱という現象を表していますから、それぞれ、その中間状態に現れるあらゆるパスの可能性のひとつです。したがって、この運動を計算してやるには、すべてのパスを足しあげなければなりません。ですから、sチャンネルとtチャンネルとを足さなければ、

図4-3　sチャンネルのファインマン図

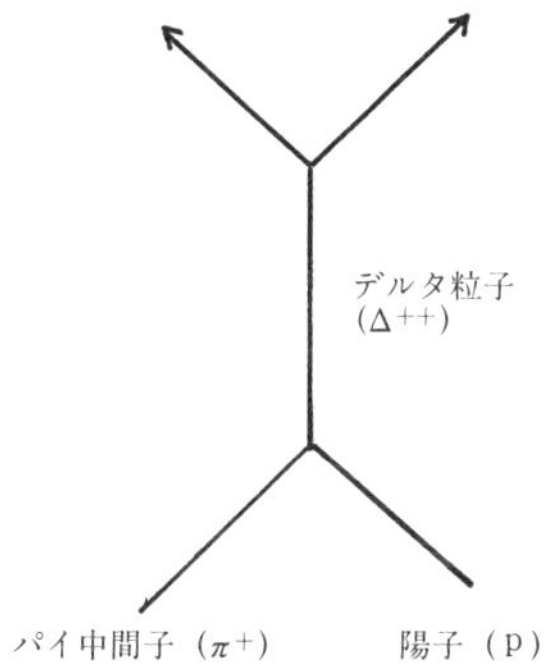

図4-4　tチャンネルのファインマン図

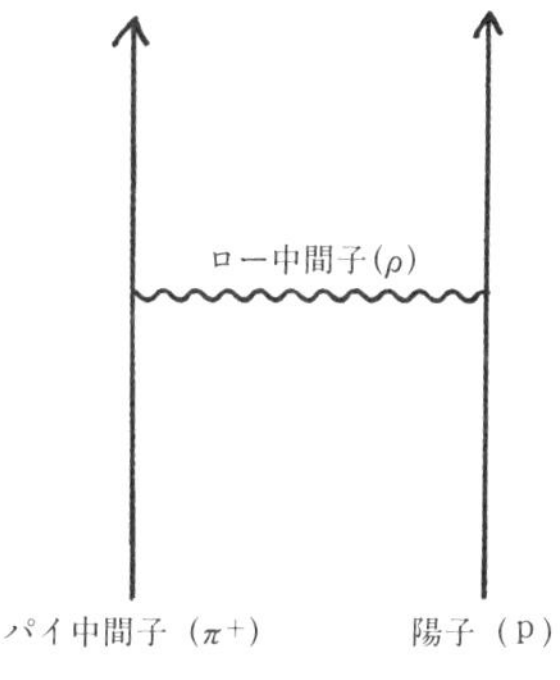

全体の確率振幅は出てこないはずです。

ところが、sチャンネルとtチャンネルを足し合わせてみると、加速器によって計測された実験数値と合わないことがわかりました。これは量子力学の常識ではありえないことです。それでもう少し精密に実験結果と照らし合わせてみると、sチャンネルとtチャンネルを足した理論値が実験値の2倍になってしまい、それぞれ片一方ずつの散乱振幅だけで、実際の実験値と一致することがわかりました。要するに、ハドロンの相互作用の計算の場合、sチャンネルとtチャンネルを足しあげてはいけない、sチャンネルとtチャンネルはそれぞれ片一方ずつで、実験で得られる全部の散乱振幅になっているのだということがわかったのです。

言い換えると、sチャンネルとtチャンネルの散乱振幅は等価であるという意味で、「双対である」ということができます。これは、ハドロンを単に点粒子だと思っていたのでは起こりえないことで、「猪木 - 松田のデュアリティ（双対性）」ともいわれています。これを理論的に説明し、ハドロンの力学的な構造に迫ったのが、ベネティアーノから南部陽一郎に至る道筋だったのです。

数式を使って説明すると難しくなるので、ここではひもの挙動のイメージ図を用いて説明しましょう（図4 - 5）。sチャンネルでの相互作用は、図の中央のように、パイ中間子

図4-5　sチャンネルとtチャンネルのイメージ

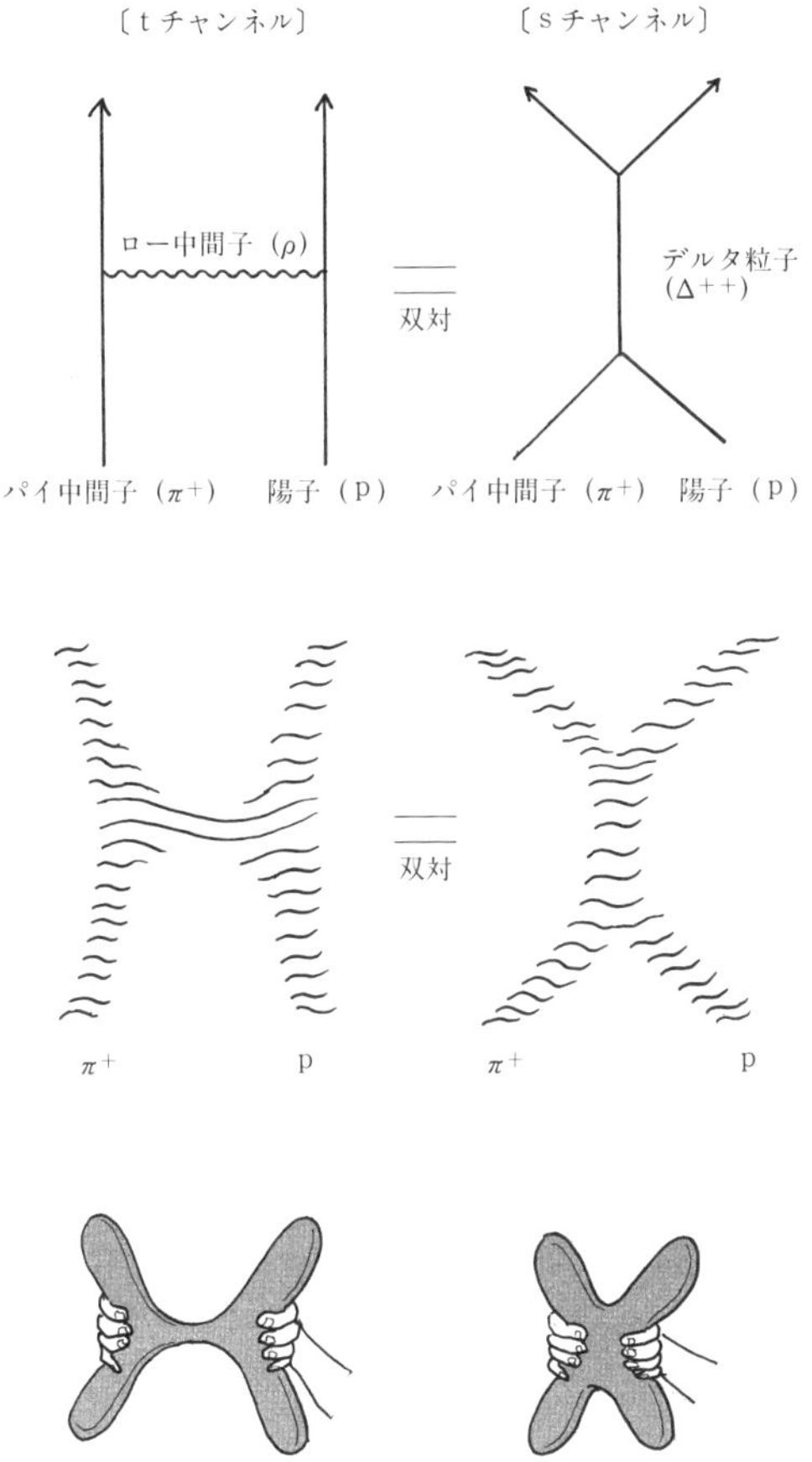

と陽子のひもが伝播途中でぶつかって（合体して）だんだん1つのひもになり、またダンだん2つのひもに分かれていく図として描けます。

ところが、このひもモデルを用いたsチャンネルの図は、ちょっと変形してやるだけで、tチャンネルのようにも描けるのです。この2つの図は、粘土細工遊びの図のように、sチャンネルの形をtチャンネルの形に変形してやるというふうに理解していただいても差し支えありません。つまり、sチャンネルとtチャンネルは双対であるために、まるで粘土細工遊びでもするように、互いに変形が可能だというわけです。南部さんはそういうやり方で、ハドロンの双対性の謎を解いてみせたのでした。

謎の粒子グラビトン

しかしこのあと、ひもモデルは暗礁に乗り上げてしまいます。というのは、ひもの挙動を作用Sを使って調べていくうちに、ひものいろいろな状態のなかにハドロンとして実際に見つかっていないようなものも含んでいることがわかってきたからです。とくにスピンが2で質量が0というものは、ひもモデルを多少変更しても、必ず現れることがわかりました。

スピンというのは、素粒子がその重心の周りにもつ「角運動量」の大きさのことです。

直感的には、粒子の自転の大きさを表すものだと考えればいいと思います。量子力学では、角運動量の大きさはプランク定数$\hbar$の整数倍とか半整数倍のように、とびとびの値しかもちません。たとえば、陽子や中性子はスピン$\frac{1}{2}$、光子のスピンは1です。

スピンは自転のようなものですから、粒子にエネルギーを与えて回転を大きくしてやると変えることができます。たとえばクォークと反クォークでできた中間子は基底状態ではスピン0ですが、エネルギーを与えてやると中のクォークと反クォークが回転しはじめ、スピンが1、2、3といった値をとるようになります。つまりスピンを2にしようと思うと、粒子にエネルギーを注いでやらなければなりません。エネルギーは質量と同じですから、エネルギーを与えられた粒子は重くなるのです。

さて、ひも理論に現れる謎の粒子は、スピンが2であるにもかかわらず重さがない、つまり質量は0でした。そこでひもモデルをいろいろと変形し、このようなハドロン物理に合わない邪魔な粒子を取り除こうという試みがなされましたが、うまくいかず、暗礁に乗り上げてしまったわけです。

その後、アメリカのシャークとシュワルツ、日本の米谷民明を中心とする2つの研究グループが、このようなスピン2で質量0の粒子はグラビトン（重力子）と見なすべきだということに気づきました。すなわち、ひも理論がハドロンではなく重力を含んだ系を記述しているとすると矛盾がないことを、彼らは示したのです。

現在では、ハドロンのひもモデルはクォーク間の色の力線を近似的に表したものであり、相当真実に近いものではあるが精確には表していないということがコンセンサスになっています。このような「色の力線」という考え方を最初に導入したのも南部さんでした。

しかし、ここでたいへん重要なことは、ひもモデルが重力の量子論を包含した系を記述していることがわかった、ということです。大げさにいうと、20世紀の物理学史の大きなエポックだったといってもいいでしょう。

このあと、多くの人はひもモデルから撤退し、ゲージ理論の全盛期になります。しかしシュワルツだけは、グラビトンが出たからこそ可能性があると考え、ひも理論の研究を続けます。シュワルツの探究は、クォークモデルとゲージ理論が黄金時代を極めた1970年代も、粘り強く続けられました。そして、標準模型が完成し、重力に対する場の理論の限界にだれしもが気づきはじめた84年、颯爽《さっそう》と登場したのが、シュワルツの超ひも理論だったのです。

超ひも理論登場前夜

ここで再び、20世紀の物理学史をひもといてみましょう。ころは70年代です。先に示したチャート図「超ひも理論への道」（168〜169ページ）をもう一度見てください。

朝永振一郎らのくりこみ理論によって力を得た「場の量子論」は、南部陽一郎の「対称性の自発的破れ」と、ヒグスメカニズムという力の統一のためのキーになる理論を見出し、ゲージ理論の確立へと進展します。ゲージ理論が本当にくりこみ可能であることが示されたのは、70年代はじめ、トホーフト・ベルトマンという物理学者によってですが、その少し前に、ワインバーグとサラムは弱い力と電磁力を統一した電弱理論を完成します。

強い力のほうは、クオークが物質の最小単位であるという認識が深まるにつれ、理解されるようになります。そしてクオーク間に働く強い力を色力学としてまとめたのが、「格子ゲージ理論」です。

格子ゲージ理論というのは、時空を格子に分け、その格子の上に強い力の力学変数が乗っているということから命名された理論です。これは場の理論を現代的な立場から完成させ、くりこみの意味を明らかにしてみせたウィルソンによって創られました。

もう少し詳しく説明しましょう。図4-6（次ページ）で示したように、立方体状の格子を考えてください。格子の各頂点は「サイト」と呼ばれ、頂点をつなぐ竹ひごは「ボンド」と呼ばれます。各サイトの上にはクオークの場を表す力学変数が乗っています。つまりuクオークやdクオークなど、クオークの種類ごとに、色の自由度の3にスピンの自由

図4-6 「格子ゲージ理論」の概念

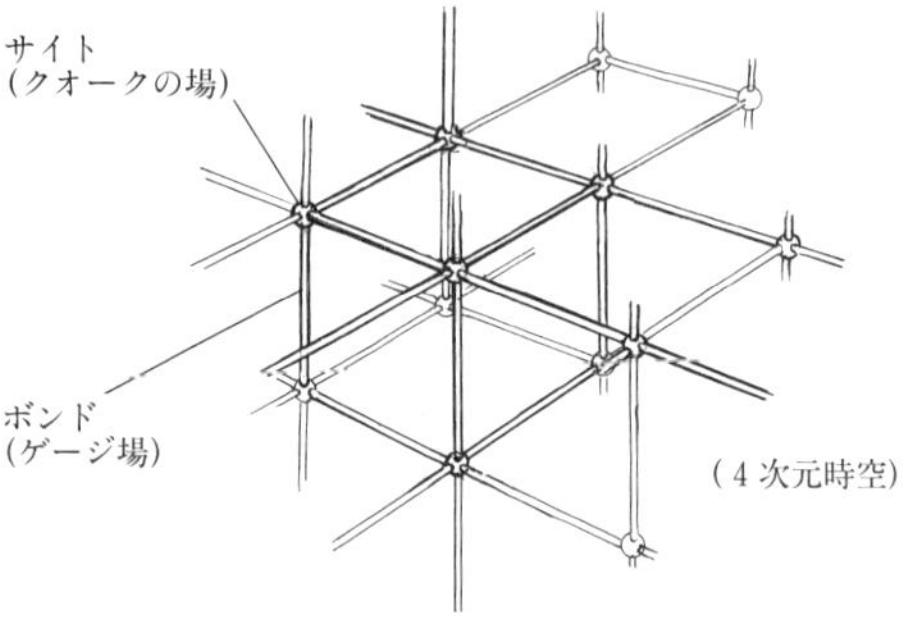

格子ゲージ理論では、4次元時空(図では3次元で描いているが)を、サイト(クオークの場)とボンド(ゲージ場)でつないだ格子に分け、その上に力学変数が乗っている——という描像を描いている

度4をかけた12個の力学変数が各サイトの上にあるとします。また、各ボンドにはゲージ場の自由度を表す8個の力学変数が乗っています。格子ゲージ理論とは、このように時空を格子にしてしまい、格子の上にクオークの場とゲージ場に対応する力学変数が乗っている理論なのです。

こうして、弱い力、電磁力、強い力の3つの力をゲージ場の理論によって定式化した「標準模型」が完成されていきます。また、実験的にはまだ検証されていませんが、3つの力を完全に統一する可能性を示した、いわゆる「大統一理論」が登場したのも70年代前半です。

こうしてみればわかるように、70年代はまさしくクオークモデルとゲージ理論の黄金時代といえるものでした。

素粒子物理学者にとって、70年代は、生きがいにあふれた楽しい時代だったと思います。しかしそれだけに、その後の80年代はじめは、祭りの後のように、「素粒子屋はやるべきことがなくなってしまったかもしれない」というような沈滞ムードが漂っていたように思います。もちろん、まだ4つの力のうちの最後の力、重力の量子化が残されていましたが、標準模型の延長上では解けそうにありませんでした。

超ひも理論が脚光を浴びた84年は、そのような空気が物理学界を覆っていた時期だったのです。

超ひも理論の功績

超ひも理論の登場によって明らかになった重要なこととして、まず重力の量子化の問題の解決があります。前に4つの力の統一の説明のところで、量子重力の厄介な点は、くりこみでは処理しきれないほど大きな発散を生じてしまうことだと述べました。それはふつうの場の理論ではどうしても解けなかったのですが、超ひも理論では、あっけなく解決されてしまいます。というのは、超ひも理論は最初から発散のない理論だからです。超ひも理論は閉じたひもとして重力子を自然に含んでいますが、その一方で、もともと紫外発散を一切生じない理論なのです。

ハドロンのひもモデルでは、重力子は余計なものでしたが、これが超ひも理論の発展のきっかけとなりました。この、どのようにモデルを変形しても取り除けなかった重力子が、重力の量子化と4つの力の統一のカギであったことは、とても象徴的なことだと思います。すなわち、場の理論ではどうしてもあつかえなかった重力子は、ひも理論では逆にどうしても避けることができないものだったというわけです。このことは、重力自体が点粒子の力学ではなく、広がりのある「ひも」の力だったことを示すものと考えていいでしょう。

このように、ひも理論を重力を含んだ理論としてとらえ、すべての相互作用の統一理論として大きく発展させたのはシュワルツの功績ですから、シュワルツを、「超ひも理論の父」といってもよいでしょう。

超ひも理論が多くの物理学者の注目を集めるようになったのは1984年のことですが、いまから見ると少し変わった経緯をたどったように思えます。そのはじまりは、マイケル・グリーンとシュワルツが、10次元の場の理論がもつある種の致命的な欠陥が超ひも理論では解消しており、超ひも理論が理論として矛盾のないものだということを示してみせたことでした。

その欠陥とは、超ひも理論の要求する10次元の時空では、ゲージ場や重力場がもっているはずの対称性が、量子効果によって破れてしまうという、対称性の異常なふるまいに関するものです。この対称性の異常を、ノーマルでないという意味で「アノーマリ」と呼んでいます。10次元の時空については次項で扱うとして、先にこの「アノーマリ」とはどういうことか、説明しましょう。

すでに述べたように、対称性の自発的な破れというのは、力の統一を記述するためのキーワードになる重要な概念です。第1章「ヒグスメカニズム」の項でも触れましたが、対称性を破りやすい性質をもったヒグス場をゲージ場と相互作用させると、ゲージ対称性が自発的に破れ、力の分岐を生み出したのでした。

アノーマリの問題とは、これとは根本的に違います。本来なくてはならないゲージ対称性そのものが、量子効果によって破れてしまうのです。そういう意味では、アノーマリは、理論自体に対称性をもたせられなくなる、困った異常事態なのです。

このアノーマリの問題は、いろいろな場合に起こりますが、10次元時空では重力を巻き込んだ形で起こるため、超ひも理論は矛盾なく定義できていないのではないかという疑いがもたれたのです。つまり、超ひも理論が矛盾のない完成した理論であるためには、このアノーマリは克服されねばならない問題なのでした。

実際に10次元時空の場の理論を考えますと、アノーマリは起こります。ところが、超ひも理論ではひもに特有のメカニズムがはたらき、アノーマリは消えていることがわかったのです。これも超ひものミラクルといっていいのでしょうか。ともあれ、それをグリーンとシュワルツは発見したわけです。少しすると、これは、超ひもにはそもそも紫外発散がないという、もっと基本的な性質の帰結にすぎないことがわかりましたが、いずれにしても、これを契機に多くの物理学者が、超ひも理論はそれまでに考えられていたよりもずっと普遍的なものにちがいないと信じるようになったのです。

超ひも理論がはじめて登場した84年当時の様子はよく覚えています。その頃、米国のコーネル大学にいた私は、そのニュースを聞くや、「これは超ひも理論をやらなければ！」と即座に思いました。すぐさま仲間といっしょに超ひも理論の研究グループを立ち上げ、研究を始めました。

実は、その少し前の大学院時代にも、ハドロンのひもモデルに取り組み、格子ゲージ理論からひもの描像を導き出そうとしていたことがありました。その過程で、ゲージ対称性が無限大の極限では格子ゲージ理論が単純な行列模型に帰着してしまうことを見つけ、仁科賞という名誉ある賞をいただくことになりました。そのとき見つけた行列模型には15年ののち、超ひも理論の非摂動的定式化という、以前とは少しちがった形で、もう一度遭遇することになります。

10次元時空とは?

よく一般の人から聞かれる質問に、「超ひも理論は10次元の理論だというが、10次元というのはいったいどういう世界なのか」というものがあります。

私たちの住んでいる4次元時空とちがい、より高次元の世界はどうもイメージしづらいようです。しかしよく考えれば、4次元時空だって、アインシュタインが登場するまではイメージしづらかったはずです。それまで3次元が私たちの住む世界だというのが当たり前だったのですから、時間も空間と対等に混ざったものとしてとりあつかう4次元時空の考え方も、当初はわかりにくいものだったでしょう。でも、いまでは私たちは比較的スムーズに4次元時空を受け入れています。それと同様に10次元も受け止めればいいということを、これから述べたいと思います。

最初に、話をわかりやすくするために、3次元空間の座標を考えます。3次元空間の座標のある点の位置を知るには、縦軸の成分x^1、横軸の成分x^2、高さの成分x^3という3つの成分で表す必要があります。それと同様に、10次元の場合、1つの点を、x^0からx^9まで、10個の成分で表してやればいい。それだけの違いです(次ページ図4-7)。

図4-7　10次元時空での挙動の考え方

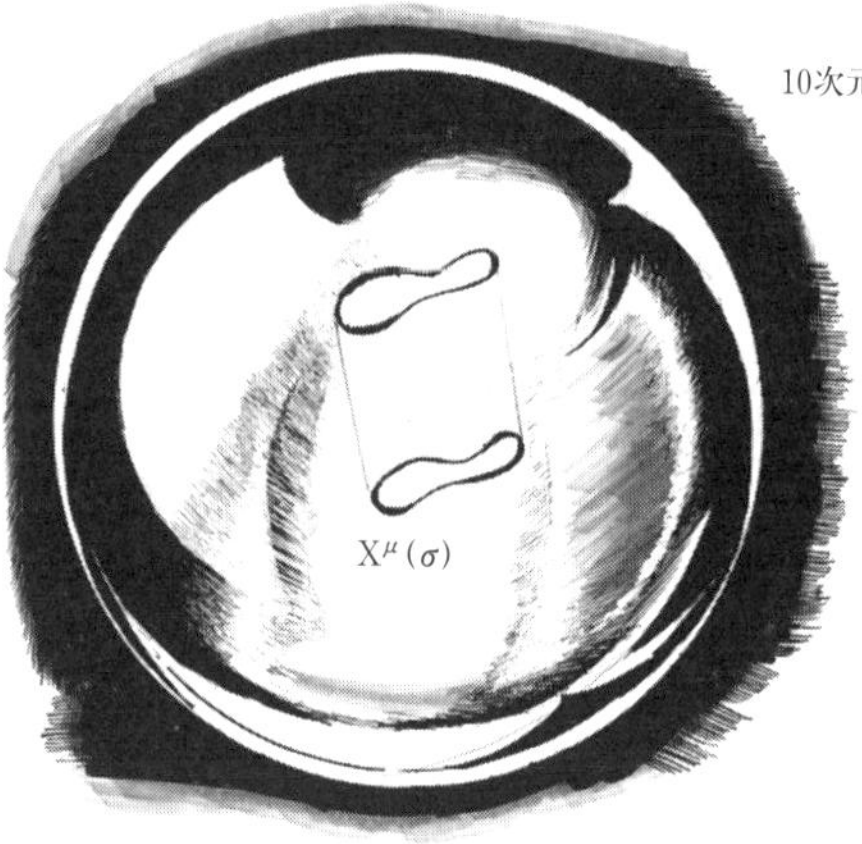

仮に上図の球を10次元時空とする。10次元時空で運動するひもは、関数$X^{\mu}(\sigma)$で表せる。σはX^{μ}でのひもの各点の座標情報。3次元なら、座標情報は〔x^1, x^2, x^3〕の3つ決めればよい。同様に10次元の場合、座標情報は各点のσについて、10個の量を決めてやればよい

その10個の成分の内容ですが、そのうち9個までは空間の成分を表し、残る1個は時間の成分を表します。空間の成分は3次元だと縦・横・高さですが、10次元の場合、その方向が9つあるというだけのことなのです。

では、超ひも理論では、この10次元時空のなかでひもがどのように運動すると考えるのか、「南部-後藤アクション」の項で用いた図4-2（175ページ）と関数で説明しましょう。

たとえば閉じたひもを考えますと、そのひもの形は関数、

$$X^{\mu}(\sigma) \qquad \mu=0,1,2,\cdots,9$$

で表されます。μは10次元空間の各方向を、σ《シグマ》は閉じたひも上の各点を表します。

いま、μが10次元だとすると、σの各点ごとに10個の量を決めてやれば、ひもがいま10次元時空のどこにいるかがわかるというわけです。

それだけなのです。もちろん、これだけでも実際にひもの挙動を計算するには相当複雑になりますが、ひもが10次元時空に住んでいるということの要点は、結局これだけです。

私たちは、縦・横・高さを座標に取った3次元空間は紙の上で絵として描くことができます。それに比べ、それ以上の高次元は絵で描けません。たしかに、3次元なら素人目にもイメージしやすい。しかし、それはわれわれ専門家も同様です。専門家だって、10次元

を紙の上でイメージしろといわれても、できないのですから。しかし重要なことは、こうやって10個の成分をもつ関数をもってくると、それがとりもなおさず10次元時空のなかで運動しているひもを記述していることになる、ということなのです。

このように、高次元時空といっても座標の成分が少し多いだけですが、物理法則のほうは、次元によってずいぶんとちがってきます。私たちの4次元時空では、物体間に働く力の大きさは物体A、Bの距離rの2乗に逆比例することが知られています（これはニュートンの法則であり、一般相対論的効果を考慮すると$\frac{1}{r^2}$からずれますが、物体間の距離が離れているときはそういってもかまいません）。ところが高次元になると、話が変わります。たとえば5次元では$\frac{1}{r^3}$、6次元では$\frac{1}{r^4}$、……10次元では$\frac{1}{r^8}$と、分母がどんどん大きくなるのです。

つまり次元が高くなればなるほど、距離の離れた物体間に働く重力は弱まる。言い換えれば、高次元になるほど物体間に働く力が小さくなると理解してもらえばいいわけです。

超ひも理論について何かしら覗いてみたことのある方なら、10次元のほかに、26次元の時空が考えられているということを聞いたことがあると思います。そのちがいは次のようなものです。

26次元のひも理論では、先ほど述べた$X^\mu(\sigma)$という関数には、ひもの各点がどこにいるかという情報が載っており、それ以外にはひもは自由度をもたない、とします。これを

「ボソン的ひも」と呼んでいます。このボソン的ひもを量子論的に調べると、26次元でだけ、矛盾のない理論ができることがわかります。

一方、10次元の超ひも理論は、このような座標の情報に加えて「フェルミオン的な自由度」と呼ばれる情報を載せてやったものとなっています。ここで、ボース粒子（ボソン）とフェルミ粒子（フェルミオン）が統一されることを「超対称性」と呼ぶ、と述べた第2章の叙述を思い出してください。要するに、超ひも理論とは、ひも理論に超対称性を導入したものなのです。そしてこの場合には時空の次元が10次元のときに矛盾のない理論になっています。

これに対して26次元ボソン的ひも理論は、超対称性を導入していませんので、理論は単純ですが、タキオンと呼ばれる、質量が虚数の粒子を生み出してしまい、真空自体が安定でないという弱点をもっています。

まとめますと、ひも理論にはいくつかの可能性がありますが、そのなかで超対称性をそなえた超ひも理論だけが、もっとも矛盾のない理論として生き残っている、ということができます。

6次元のコンパクト化

超ひも理論が10次元時空を要求するということに関して、物理学者たちを悩ませたのは、10次元時空からいかにして私たちの住む4次元宇宙がつくられているのか、という問題でした。

超ひも理論がこの問題をどうすれば克服できるかは、10次元から余分な6次元をどうやったら除去できるかという問題と言い換えることができます。最も素朴な解決法は、6次元の「コンパクト化」といわれるものです。少し乱暴な言い方をしますと、6次元分の余った次元を「丸め込む」という方法です。

たとえ話をしましょう。1枚の長方形の紙を用意します。その表面は2次元ですね。この紙をくるくると巻くと、中が空洞の円柱ができあがります(図4-8)。すると、表面の2次元のうち1次元はこの円柱の柱の方向に沿った形で残り、もう片方の次元は柱に直交した円に丸め込まれてしまいます。10次元時空をこの紙に見立て、それをくるくると丸め込み、柱の方向を4次元時空の広がりと考え、丸くなった円の部分を6次元と考えるのです。

このようなコンパクト化の理論を何人もの超ひも理論研究者が考案しました。しかし、なかなかどれもいいコンパクト化になりません。というのは、このようにするとたしかに

図4-8　余剰次元「コンパクト化」の一例

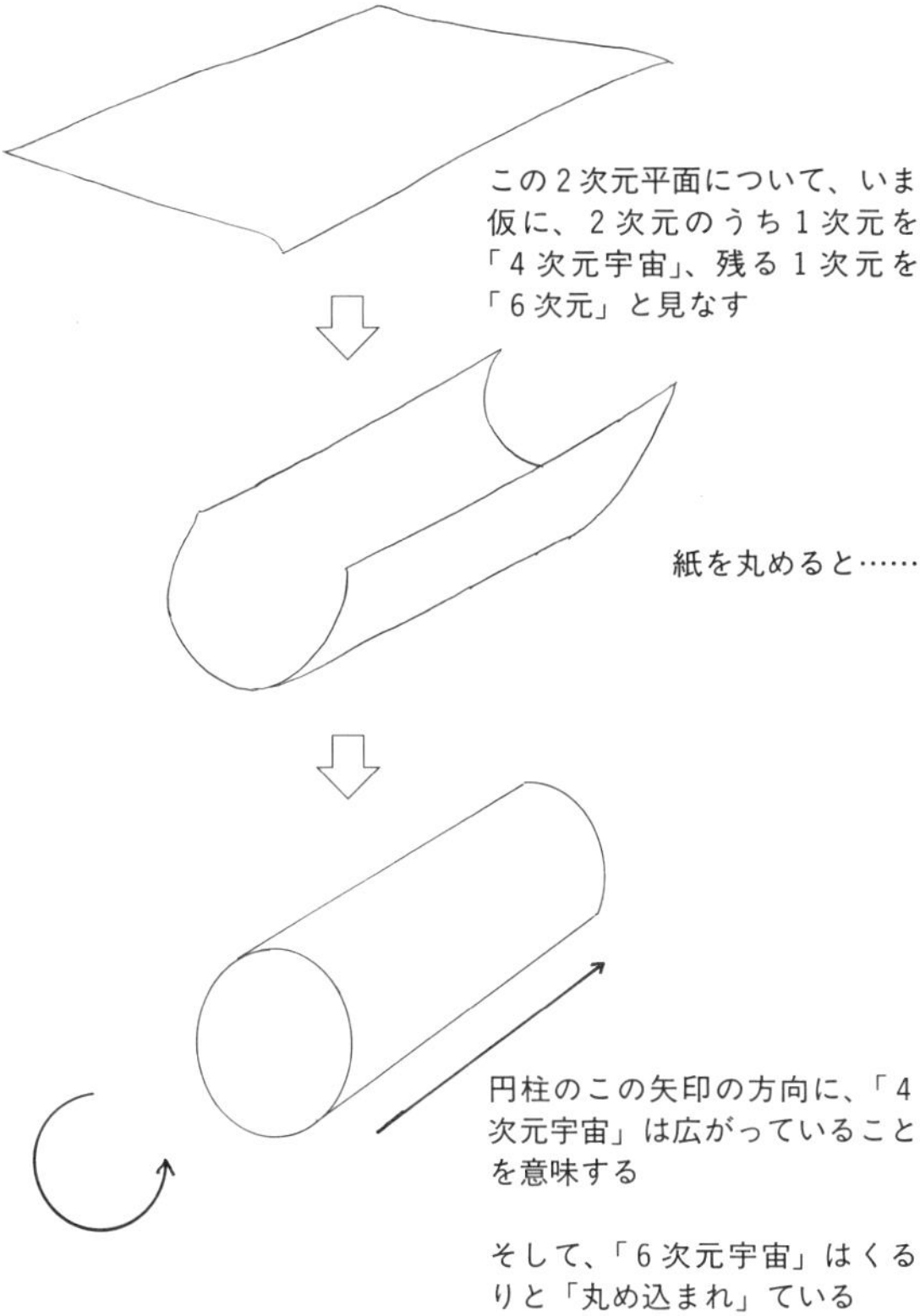
この２次元平面について、いま仮に、２次元のうち１次元を「４次元宇宙」、残る１次元を「６次元」と見なす
紙を丸めると……
円柱のこの矢印の方向に、「４次元宇宙」は広がっていることを意味する
そして、「６次元宇宙」はくるりと「丸め込まれ」ている

4次元の時空が得られるのですが、その4次元時空から見たときにどのような場が観測されるかを調べてみますと、標準模型とはかなりちがったものにしかなっていないのです。

そのなかで、これは実際の時空に近いものを表現しているのではないかと思われるようなコンパクト化に成功したのは、ウイッテンという米国の物理学者でした。ウイッテンはフィールズ賞を受賞した数学者でもあり、超ひも理論の登場後、その大きな推進役になったシュワルツとともに、「超ひも理論の父」と目されるべき学者です。

ウイッテンは6次元のコンパクト化として「カラビ・ヤウ多様体」という、特別な性質を備えた6次元の多様体を導入しました。この6次元の多様体に丸め込むと、残った4次元には標準模型に現れるゲージ場が見出されるなど、みなを納得させる、現実に近い4次元時空を描き出せることがわかったのです。

コーネル大学のわれわれのグループも、これとは少しちがった角度からコンパクト化の問題に寄与しています。われわれは、10次元の超ひも理論自身を一般化し、コンパクト化とはちがった描像で、いろいろな次元での超ひもを導き出そうと試みました。その結果、10次元以下のどの次元でも非常に多くの種類の安定な真空が存在し、しかも時空が4次元で標準模型を含むような超ひも理論も無数に存在することがわかりました。

このようにしてつくられる4次元の超ひも理論は、6次元をカラビ・ヤウ多様体などに

図4-9　超ひも理論におけるコンパクト化

10次元のうち6次元は、「プランク長さ」の宇宙の頃、私たちが観測できないほど小さな内部空間に縮んでしまったとする。これが超ひも理論における「6次元のコンパクト化」である

コンパクト化することによって得られるものとは少しちがったものになっています。コンパクト化という操作が、6次元多様体のサイズを大きなものからはじめてだんだん縮めていく操作であるのに対して、新しく得られた4次元超ひも理論では、余分な6次元をはじめからプランク長さくらいの大きさとして、安定な真空を見つけたことになっています。

すなわち、超ひも理論では、日常感じている巨視的スケールで成り立つ幾何学のイメージに沿ったコンパクト化も可能ですが、もはやそのようなイメージをもたないような、プランク長さ程度の微小なサイズに特有のコンパクト化も可能であるわけです。そのように「幾何学」の対象を広げますと、標準模型を含む4次元時空はいくらでも取り出すことができるということなのです。

このほかにも、そのような現実に近い4次元時空をつくり出す方法は数多く知られています。しかし、このように現実もどきの真空がいくらでも見つかってしまうということは、逆に言いますと、これらの無数の真空のなかから、どのようにして私たちの世界に対応する真空が選び出されたのかを説明する手立てがない、ということです。

超ひも理論は従来、「摂動論」と呼ばれる近似手法を用いて記述されてきたのですが、このように無数の安定な真空が存在してしまうのは、その近似の限界であることがわかっています。ですから、現在の超ひも理論の課題は、理論自身を摂動論などの近似手法に頼らずにきちんと定式化し、本当に私たちの世界がその真空として現れるかどうかを調べることなのです。

「摂動論」の限界

超ひも理論の歴史は、大きく3期のブームに分類できると考えられます。超ひも理論の第1期のブームは、グリーンとシュワルツによって理論が矛盾のないものであることが示された1984年に始まり、その後数年続いて89年頃に終わったと考えていいでしょう。

第1期ブームの成果は、超ひも理論にはアノーマリも発散もなく、量子重力を含む矛盾のない理論であることがわかったこと、そして6次元の「コンパクト化」によって標準模型とよく似た4次元の時空が超ひも理論の真空として実際に構成できるようになったことです。

第2期目の発展は、95年頃から始まったと認識しています。超ひも理論が飛躍的発展を遂げた第2期ブームについては次の第5章で詳しく述べるつもりですが、簡単にいっておくと、この時期の成果は、「Dブレーン」と呼ばれる、超ひものエネルギーの塊が発見され、超ひも理論研究に大きなダイナミズムを与えたこと、これによって超ひものいろいろな真空がお互いに結びついている様子が明らかになったこと、超ひも理論とゲージ理論の関係がいろいろな角度からわかってきたこと、とくに超ひも理論を最終的に定式化する可能性として行列模型が提案されたことがあげられます。

第3期ブームは、実はまだ始まっていません。しかし、第2期までに上がってきた成果を見ると、第3期はいよいよ超ひも理論が自然界のあらゆる力学現象を解く理論、すなわちセオリー・オブ・エブリシングとして、本当に完成する時期になるだろうと、私は見ています。

少し先走ってしまいましたが、ここで超ひも理論の第1期の発展は何が原因で終焉してしまったかについて述べたいと思います。それはひと言でいってしまうと、先にも述べま

図4-10　摂動論による計算のしかた

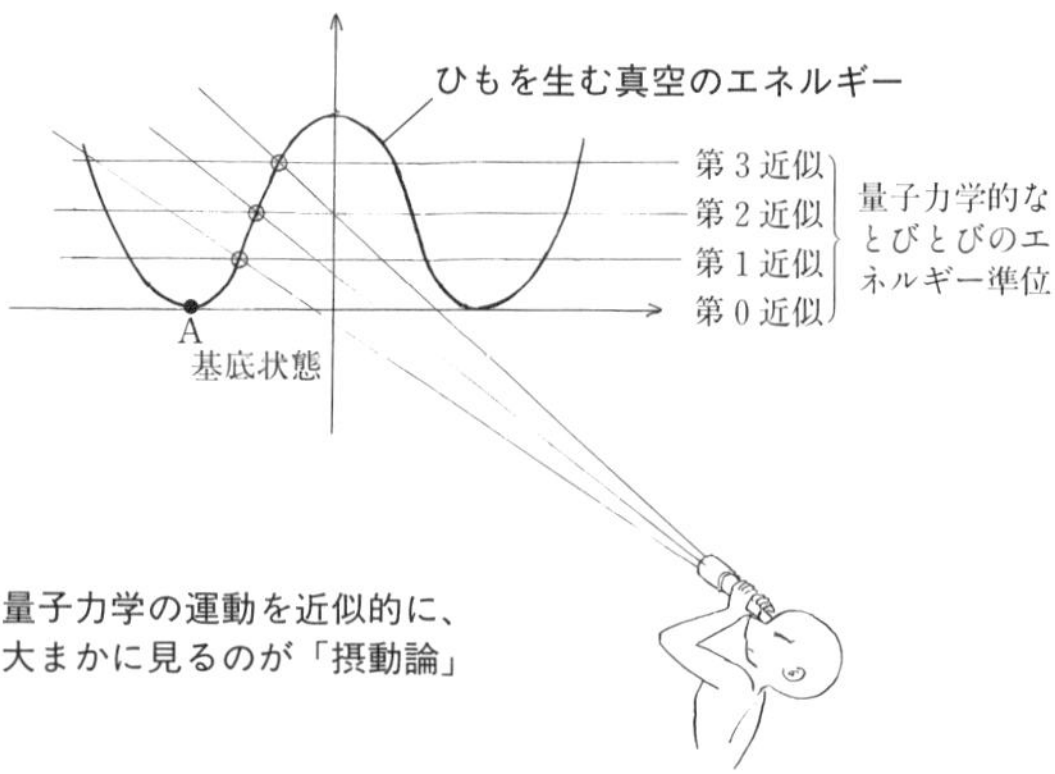

したように、従来からの量子力学の計算手法である、「摂動論」という計算手法の限界が現れたということができます。それについて説明しましょう。

すでに述べたように、われわれは「超ひもの真空」というものを考えます。一般に場の理論では、真空とは〝場の系〟のエネルギーがもっとも低い状態、すなわち基底状態のことであり、そのまわりの励起が粒子を表します。超ひも理論でも同様に、「超ひもの真空」とは〝超ひもの系〟の基底状態であり、そのまわりの励起が超ひもであると理解することができます（超ひもの真空のエネルギーを表す上図のAが基底状態）。

「摂動論」というのは、量子力学的な運動を調べるための代表的な計算法のひとつです。

「摂動」というとずいぶんいかめしく、難しそうに感じられますが、要は、ずれを少しずつ補正していく、というほどの意味です。

具体的には、まず、第0次の近似として、相互作用を無視して自由な運動として系を記述します。次に、相互作用によって生じる補正を取り入れて第1近似の計算をし、さらに補正を入れながら第2近似の計算をする……というやりかたです（図4-10参照）。

この摂動論の計算法は、複雑な量子力学の運動を解く際に広く用いられているのですが、次のような限界があります。

いま、ある粒子を加速器で衝突させる実験をするとします。そうすると、第0近似では粒子は相互作用せずそのまままっすぐ進むということになります。そこに相互作用を取り入れますと、粒子が途中で仮想的に合体したり分裂したりといった現象が起こるわけです。そうしますと、摂動論の近似を第1近似、第2近似というふうに上げていくということは、途中に仮想的に現れる粒子の数が2個の場合、3個の場合とだんだん複雑なプロセスも取り入れていくことに相当します。いろいろな仮想的なプロセスをすべて足しあげた結果出るのが散乱振幅だと、先に述べましたが、それを途中に現れる粒子の数が有限個の場合に限って近似的に計算しようというのが、摂動論なのです。

つまり摂動論はあくまで近似的な計算法です。それでもけっこういい結果を得られることもあるのですが、摂動論では真空が別の真空に移り変わるというような現象を記述することはできません。それは、真空中に有限個の粒子を励起しただけでは、決して別の真空には移れないからです。すなわち、真空の移り変わりを見るためには、無限個の粒子が関与するようなプロセスを記述する必要があるのです。

先に述べたような超ひものイメージは、ひもが伝播しながら合体したり分裂したりするというものでした。そうすると、途中に現れるひもの数は有限個ということになりますから、超ひもを摂動論的にあつかっていることになります。ですから、このような扱いでは、各真空のまわりでの超ひもの励起は記述できますが、真空自身がどのように混ざり合って、正しい真空をかたちづくっているかを議論することができないのです。

10次元の超ひもの真空だけでも、タイプI、タイプIIAとIIB、ヘテロティックタイプにもSO(32)とE8という2つのタイプの真空が見つかっています。10次元より低い次元では、カラビ・ヤウコンパクト化や、コーネル大学のわれわれのグループが見出したものなど、真空は無数に存在するのです。これでは私たちの4次元時空はどの真空から生まれたものなのか、決定できません。

これが摂動論の限界でした。この難題に直面したことによって、第1期の超ひも理論ブームは終焉を迎えてしまいました。では、超ひも理論は1990年代に入って、この無数の「超ひもの真空」の問題をどのように解決し、第2期ブームに入ったのでしょうか。それは次の第5章で述べましょう。

「多世界解釈」＝ マクロの系では、別々の世界に分かれる……

川合教授は、コペンハーゲン解釈について「観測したとき確率が現れると主張するには、たとえば網膜に光子が入ったときに、どんな相互作用をしたことによってどのように確率が発生したのかきちんと言えなければならない。それが通常の物理法則の相互作用とどう違うのか説明できなければ、議論として成り立たない」と指摘する。しかしこの解釈は、最終的に観測する抽象的な自己を実在決定の根拠として認めるためか、いまでも哲学系の研究者に少なからず支持されている。一方、多世界解釈も実証は難しく、２つの解釈はどちらも検証不能な論争として続いている。

ただし、コペンハーゲン解釈が出た頃は、量子力学の確率分布は未知のものであったために、それをどう解釈するかという論争が生まれたが、現在、確率分布は厳然たる実験事実として実証されている。そうである以上、巨視的な系での波動関数の重ね合わせも認めていいのではないか、というのが最近の素粒子物理学者の一般的な考えだという。川合教授も「微視的系と巨視的系の違いがきちんと理解できれば、結局、多世界解釈に落ち着くのではないか」と語っている。

（高橋繁行）

コラム4 「コペンハーゲン解釈」と「多世界解釈」

「シュレーディンガーの猫」をご存じの方も多いだろう。猫を入れた箱に、波動関数に従って粒子が飛び出す装置をつなぎ、粒子が飛び出せば毒ガスが出るようにして猫が生きているか死んでいるかを問う——シュレーディンガーが提起した仮想実験である。

量子力学の確率解釈に関する問題なのだが、いわゆる「コペンハーゲン解釈」では、箱の蓋《ふた》を開けるまでは猫の生死は量子力学的に重ね合わさった状態であるが、人が箱を開けて猫の生死を観測した瞬間に確率的に猫の生死が決定される、ということになる。

これに対し、観測によって確率が発生するようなことはない、いつでも重ね合わせの原理は成り立っている、とするのが、最近有力な「多世界解釈」である。

それをよく説明する実験として、シュテルン－ゲルラッハの実験がある。一方の極は平らな磁石、他方の極には刃の尖ったノミのような磁石を置き、磁場に勾配をつけた間を、スピンをもった粒子を飛ばす。すると、粒子はスピンの向きによって上方か下方か、どちらかにずれる。その状態を表す波動関数は2つの状態の重ね合わせとして記述される。粒子の行く先に検出器を置くと粒子がどちらに入ったか検出できるが、この場合でも上に入った状態と下に入った状態の重ね合わせとして記述することができる。しかし粒子が検出器に入る前と明らかに違うのは、検出器のなかでは、複雑な現象がすでに起こってしまった後であること、つまりスピンが上向きか下向きかといった微視的な違いだったのが、上の検出器が粒子を検出したか、下の検出器が粒子を検出したのかといった巨視的な違いに拡大されていることだ。

いったん、巨視的に違う状態の重ね合わせになってしまえば、もはや干渉は見られず、その時点で世界は複数の世界に分かれてしまったことを意味する——。これが多世界解釈である。観測する「私」自身が複数の世界それぞれの、パラレルワールドの住人になったというわけだ。

第５章　超ひも理論を解くマトリクス

１本のひもからプランク長さの宇宙が生まれた瞬間のイメージ図。数式は川合らの定式化した行列模型「IKKTモデル」

Dブレーンの発見

超ひも理論の第2期ブームの幕が開いたのは、1995年のことでした。この年、アメリカの物理学者ポルチンスキーが、「Dブレーン」というものを発見したのです。Dブレーンとは、超ひもからなるエネルギーの塊《かたまり》です。この発見により、超ひも理論の研究はダイナミズムを与えられました。

Dブレーンは、超ひもの力学の古典論的な解として導き出されたものです。前章で述べたように、第1期ブームは摂動論という量子力学の計算手法が限界を呈したところで終わり、その後しばらくのあいだ、超ひも理論研究には沈滞ムードが流れました。その突破口が、古典論の解として見出されたのは、必ずしも不思議なことではありません。実際、ゲージ場の量子論は1970年代の中ごろに飛躍的に進歩しましたが、これも、古典解を量子論的な立場から再解釈するとどのように見えるかという分析が端緒となりました。

いずれにせよ、超ひも理論の古典解としてDブレーンという安定したエネルギーの塊が見つかりました。このような安定したエネルギーの塊のことを物理学の用語で「ソリトン」といいます。

このソリトンの例としては、波頭が立ったまま進行する海の波を思い浮かべていただけ

図5-1　ソリトン波の例

波頭が立ったまま走る波。北斎漫画「奇(寄)浪引浪」(模写)

ればいいでしょう。ふつう、海の波ができても、進行するうちに広がってしまいますが、波のもつ非線形性が広がろうとする性質とバランスすると、波が形を変えないまま進行するのが見られます。江戸時代の浮世絵のなかにも、波頭の立った波の絵があります(図5-1)。厳密にいえばこれはソリトンそのものではありませんが、ソリトンが崩壊する様子を示しています。いずれにしても、安定した形状を保ちつつ伝播する波を「ソリトン」と呼ぶのです。

ソリトンが波の形を変えないのは、その状態でエネルギーが安定した塊として形を保っているからです。ふつう、エネルギーを1ヵ所に集めたような初期条件をつくってやったとしても、エネルギーは時間とともに分散していきます。ふつうの波が広がっていくのもそうした働きですが、ソリトンは非線形性によって安定した状態でいることができるというわけです。これと同様の原理のソリトンを超ひも理論で見出したのがDブレーンです。

図5-2を見てください。これは超ひもの真空の概念図ですが、Dブレーンのあるところでは、ポテンシャルエネルギーは図のB点のようになっていることになります。つまり時空のいたるところでポテンシャルエネルギーがA点のようにゼロである状態が真空ですが、ある領域に沿ってエネルギーがちょっと持ち上がってB点になっているような状態がDブレーンです。このDブレーンの発見がどうして超ひも理論の新たな発展につながったかというと、次のような理由によります。

前にも述べましたように、摂動論にはいろいろな真空のあいだの遷移を表すことができないという限界があったわけですが、摂動論とは、エネルギーがゼロの基底状態、すなわち真空から、少しだけ励起された状態を考えることであり、多くのひもが同時に関係してくるような現象は取り扱うことができません。これに対し、エネルギーの塊であるDブレーンは、多くのひもがいっぱい詰まっているような状態とみなせます。

もう少し具体的なイメージでいえば、基底状態では、実在のひもが全然ないか、あっても1個か2個のひもが励起されているだけという感じですが、Dブレーンでは、実在のひも、もしくは実在になりかかったような——実在の半熟のような——ひもがびっしりとコンデンスされているといったイメージです。そういう状態が具体的に構成できたことによ

図5-2 「Dブレーン」の概念

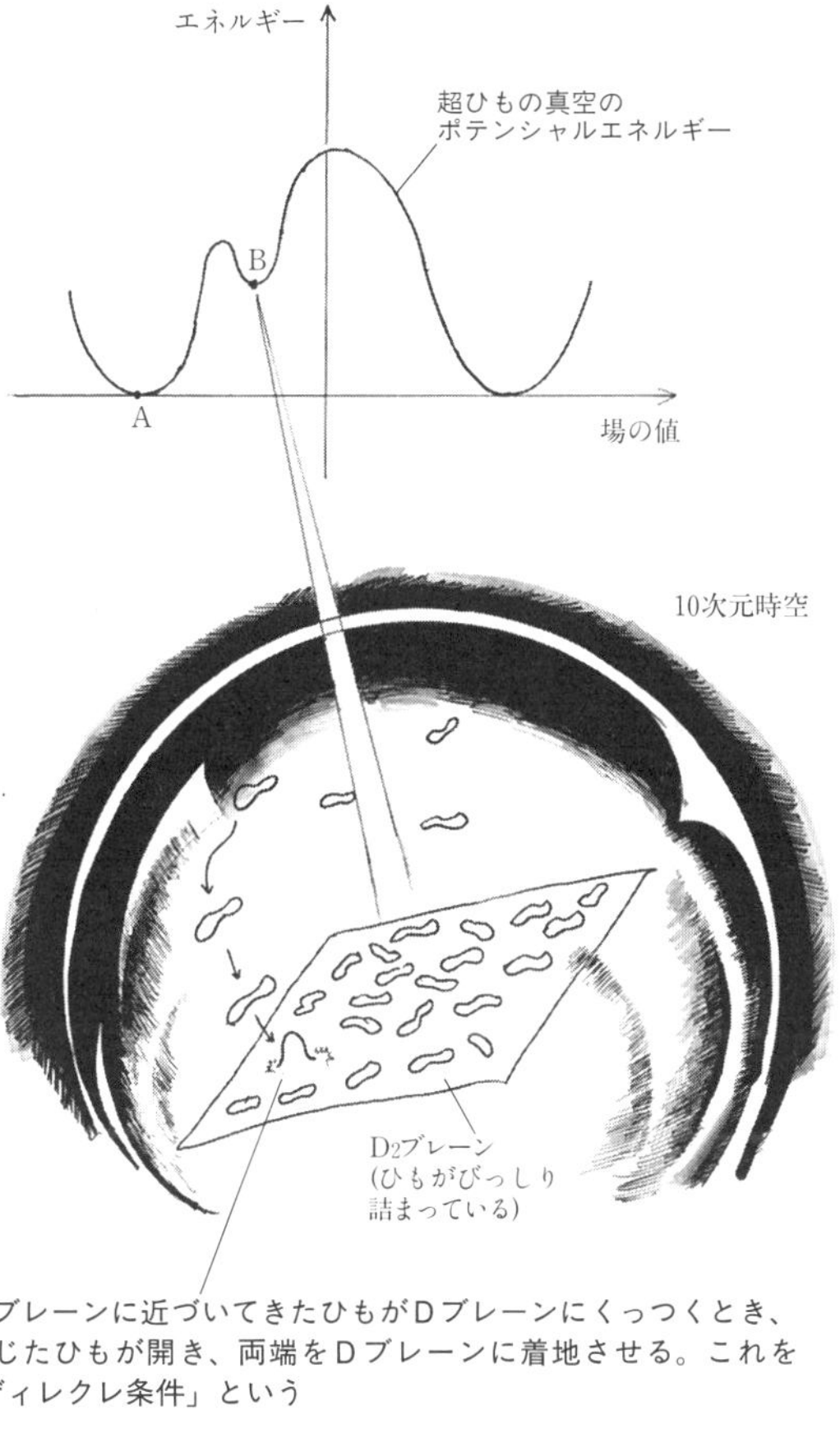

Dブレーンに近づいてきたひもがDブレーンにくっつくとき、閉じたひもが開き、両端をDブレーンに着地させる。これを「ディレクレ条件」という

って、摂動論を超えた議論が可能となり、超ひも理論は第2期のブームというべき流行を迎えたのです。

Dブレーンの「D」は、微分方程式を解くときのディレクレ条件という境界条件の頭文字「D」に由来します。境界条件というのは、第3章でホーキングの境界条件として登場しました。あの場合は、宇宙のはじめにはどういう初期値をとるかという時間の端っこ（つまり境界）での条件という意味でしたが、ここでは図のように、ひもがDブレーンにくっつくときのひもの両端（つまり境界）の条件という意味で「境界条件」といっています。

ブレーンというのは膜を意味する「メンブレーン」から、「膜（面）」のことです。数学的な説明は省きますが、このディレクレ条件を満たした面に沿って、閉じた輪ゴムのような超ひもがびっしりと詰まっているというのが、Dブレーンというわけです。

M理論

Dブレーンは一般に、超ひもが密集している、「ひもの両端がディレクレ条件を満たすようないろいろな次元の面」といえます。すなわち、いろいろな次元のDブレーンが考えられるのです。このうち0次元的に広がったもの、つまり点状のものを、「D_0ブレーン」といいます。

1次元的に広がったものは「D_1ブレーン」、2次元的に広がったものは「D_2ブレーン」です。このそれぞれのDブレーンには1次元分の時間がさらにプラスされます。たとえば、D_2ブレーンは空間2次元プラス時間1次元の時空のなかで3次元的にひろがったものを表します。以下、Dの数は空間の次元数に対応し、いずれにも時間が1次元プラスされます。

同様に空間的に3次元的にひろがったものはD_3ブレーン、4次元的にひろがったものはD_4ブレーン……といった具合に続きます。超ひも理論の時空は10次元、空間的には9次元ですので、9次元のD_9ブレーンまで種類があることになります。しかし簡略にするため、これらを総称して「Dブレーン」と呼んでいるわけです。

また、これら以外にも、Dブレーンには少しちがったタイプの「オリエンティフォールド」というものも見出されています。簡単にいうと、D_0～D_9ブレーンは正の値をもつエネルギーの塊ですが、オリエンティフォールドは負の値のエネルギーをもつ、少し変てこな塊なのです。

Dブレーンは超ひも理論に新たな発展をもたらしたと述べましたが、そのひとつとして、超ひも理論は単にひも状のものを表しているだけでなく、本当はいろいろな次元のものを対等に表しているのではないか、という見方が生まれたことがあります。すなわち、通常の超ひも理論では、基本的なものはひも状のものだと仮定して理論を構成しますが、結果的にはいろいろな次元のものが出てきました。そうすると、超ひも理論とまったく対等な理論が、それぞれの次元のブレーンから出発しても構成できるだろうというわけです。

その典型的な例として、ひもの代わりに、2次元的にひろがった膜から出発しようというものがあります。これは、10次元の超ひも理論と同様に重力を含んだ統一理論なのですが、この理論では相互作用をするものがひもではなく面と捉えますので、次元が1つ増え、11次元の理論として考えられています。

このメンブレーンの理論は1980年代から唱えられていましたが、これを前に述べたウイッテンが、「面とひもは双対性《そうつい》をもち互いに等価である」と主張したことから、超ひも理論の研究者のあいだでも注目されはじめました。ウイッテンは、この主張を、「M理論」と名づけました。Mとは「メンブレーン」membraneの頭文字を表しています。

M理論は超ひも理論の新しい潮流になるのではないかと、一時期、話題を呼びましたが、しかし現在までの発展を見る限り、M理論のほうが通常の超ひも理論よりも深遠なものであるという根拠はなく、超ひも理論のひとつの極限状態であると考えたほうが自然と思われます。

真空の重ね合わせができた！

しかし、Dブレーンのもたらした大きな功績は、なんといっても、超ひも理論の第1期に残された課題を克服したことにあります。

第4章の「『摂動論』の限界」の項で、量子力学の近似的な計算手法である摂動論で超ひも理論を解いている限り、超ひもの真空が無数に現れてしまい、ひとつの理論として統合されないという、第1期ブームの限界点を述べました。言い換えれば、第2期の大きな目標は、無数に考えられる超ひもの真空を重ね合わせ、真空の数を減らし、あわよくば、統一されたただひとつの真空をもつ理論として、超ひも理論を完成することにほかなりません。

この目標を達成するためには、摂動論に頼らずに理論を定式化し、摂動論を使わない計算法で解かなければなりません。一般に、摂動論では表せない現象を「非摂動効果」と呼んでいますが、その典型的なものが、第3章「宇宙のタネと虚時間」の項で述べたトンネル効果です。

このようなトンネル効果がDブレーンによって引き起こされ、真空のあいだの遷移が生じるありさまを、超ひもの真空の概念図を用いて説明しましょう。

まず真空のポテンシャルエネルギーが描かれた図5-3の基底状態Aを超ひもの真空のタイプA、基底状態Bを別のタイプの超ひもの真空Bとします。いま、この図のなかで、真空がAからBへと運動する過程を考えます。AからBへ自由に行き来できるということは、すなわち真空AとBを不可分のものとして重ね合わせができることを意味します。しかし摂動論を使う限り、この真空AとBは決して重ね合わせることはできません。なぜなら、あいだにポテンシャルバリヤーがあるために、超ひもの真空はそこを越えて反対側にいくことはできないからです。

ところが前にも述べたように、トンネル効果によって、ある確率で超ひもの真空はAからBへトンネルを掘るようにしてすり抜けることができ、AとBを重ね合わせたものが本当の真空になるのです。

では、実際問題として、超ひもの真空のトンネル効果にDブレーンがどのように重要な役割を果たしたのか、見ていきましょう。図5-4を見てください。

座標の左側のエネルギー0の基底状態Aは、超ひもの真空のタイプIIBを表し、右側の基底状態Bは、超ひもの真空のタイプIを表しています。

超ひも理論の第1期のころ別々に見出された真空のタイプIとタイプIIBは、摂動論的にはまったく別のものとして定式化されたものなので、そのままでは両者のあいだの移り

図5-3　トンネル効果による「超ひもの真空」の重ね合わせ

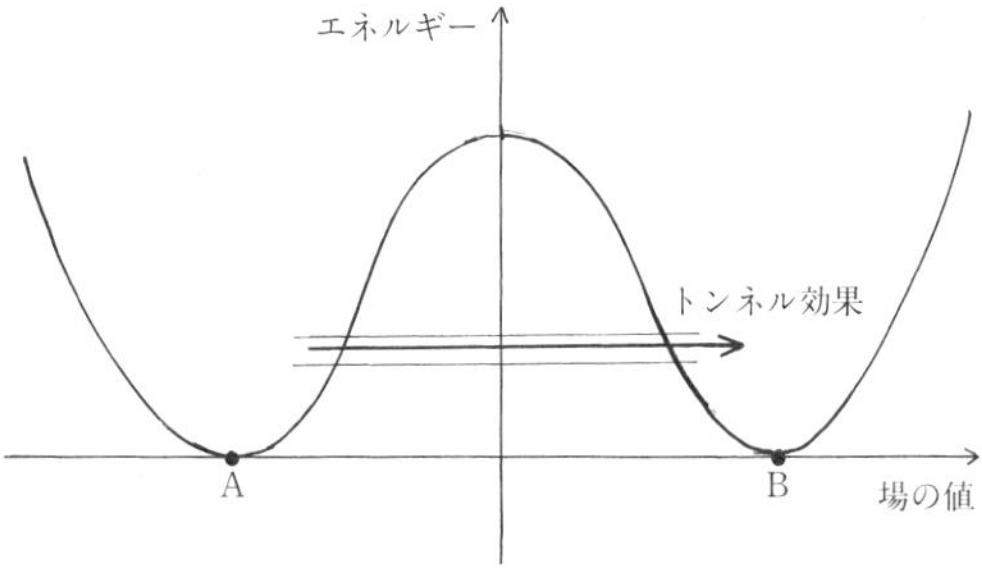

Aの真空とBの真空は、トンネル効果によって、
同じものとして重ね合わせができる

図5-4　「超ひもの真空」タイプⅡBとタイプⅠの重ね合わせ

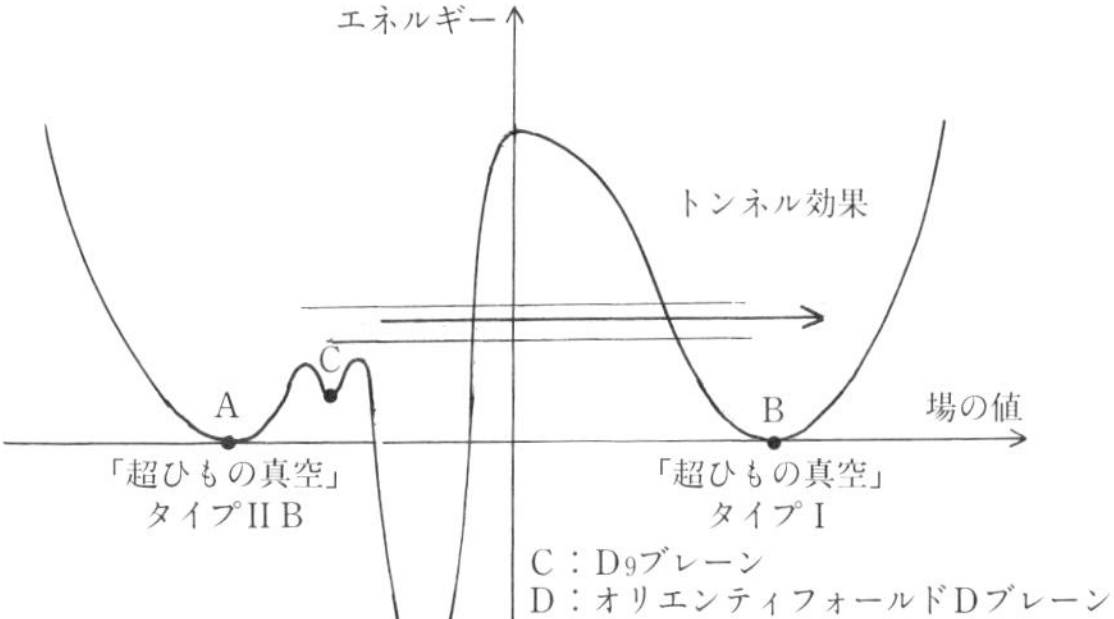

「超ひもの真空」タイプⅡBは、D9ブレーン32枚とオリエンティフォールド1枚をプラスすると、トンネル効果によって、「超ひもの真空」タイプⅠと同じものとして重ね合わせができることがわかった

変わりを議論することはできません。ところがタイプIIBの超ひもの真空に、新しく発見されたDブレーンを何枚かプラスしてやると、実は、超ひもの真空のタイプIに等しくなることがわかったのです。

もう少し具体的に説明しましょう。この真空の重ね合わせに用いたDブレーンとは、D_9ブレーン32枚と、オリエンティフォールドと呼ばれる少しちがったタイプのDブレーンです。D_9ブレーンのエネルギーがどれくらいあるかを示したのが、Cの位置です。またオリエンティフォールドDブレーンの位置を示したのが、Dの位置です。

すでに述べたように、オリエンティフォールドというのは、エネルギーの値がマイナスになっているという、ちょっと変わったタイプのDブレーンです。しかもそのエネルギーの大きさは、D_9ブレーン1枚分のマイナス32倍あります。つまり、オリエンティフォールド1枚は、プラスのエネルギーをもつD_9ブレーン32枚と、プラスマイナスゼロになるようにエネルギーをキャンセルし合うことがわかります。このことが超ひもの真空の重ね合わせを理解するうえで好都合になります。

なぜ相殺し合うと都合がいいのか。インフレーション理論のところで説明したことを思い出してください。ポテンシャルエネルギーが正の値をもつとき負の圧力になり、空間は膨張してしまいます。このD_9ブレーンは正のエネルギーなので、そのままでは指数膨張してしまい、困ったことになるわけです。逆に、オリエンティフォールドはマイナスのエネルギーですので、そのままでは空間が収縮してつぶれてしまい、やはり困ったことになる。両者のエネルギーが相殺し合うことは、超ひもの真空が安定した状態を保つうえで都合がいいのです。

このように、タイプIIBの超ひもの真空にD_9ブレーン32枚とオリエンティフォールド1枚をプラスしてやると、安定な別の真空ができるわけですが、この新しい真空の構造を調べてみますと、実はタイプIの真空と同じものであることがわかります。

それを示したのが図5-4です。つまり、

(超ひもの真空タイプIIB)＋(D_9が32枚)＋(オリエンティフォールド1枚)

が、トンネル効果によって反対側のタイプIに移ったというのがこの図なのです。

超ひものいくつかの真空は、このようにDブレーンを持ち込むことによってお互いに遷移することがわかり、真空の数を減らすことができるようになったのです。

ブレーンワールド

このように、Dブレーンの発見がもたらした最も大きな功績は、それによって超ひもの真空の重ね合わせの解析ができるようになったことだといっていいのですが、宇宙論の研究者を喜ばせる思わぬ副産物ももたらしました。それが、「私たちは10次元宇宙に浮かぶ4次元空間の上に住んでいるのではないか」という、ブレーンワールド学説と呼ばれるものです。

Dブレーンのいくつもあるタイプのなかから、D_3ブレーンを見てみましょう。10次元宇宙全体のことを専門用語で「バルク」と呼んでいますが、D_3ブレーンとは、この10次元のバルク全体のなかで、空間的には3次元、これに時間をプラスすると4次元時空として広がったものです。そしてそのなかには仮想的な超ひもがびっしりと詰まっています。その励起を考えると、両端がD_3ブレーンの上にあるような超ひもとみなすことができますが、すでに述べたように、その振動モードに応じてクオークやレプトンに見えます。クオークやレプトンは、私たちの宇宙の物質そのものですから、それらで構成された世界は、私たちの4次元時空の宇宙に相当するのではないかというのが、「ブレーンワールド」です(図5-5)。

このようにブレーンワールドを認めると、私たちの時空とは異なる宇宙として、別のパラレルワールドがあるかもしれないことになります。すなわち、重力以外はほとんど相互作用をしない影の世界が別個に存在する可能性が出てきます。

図5-5　ブレーンワールド

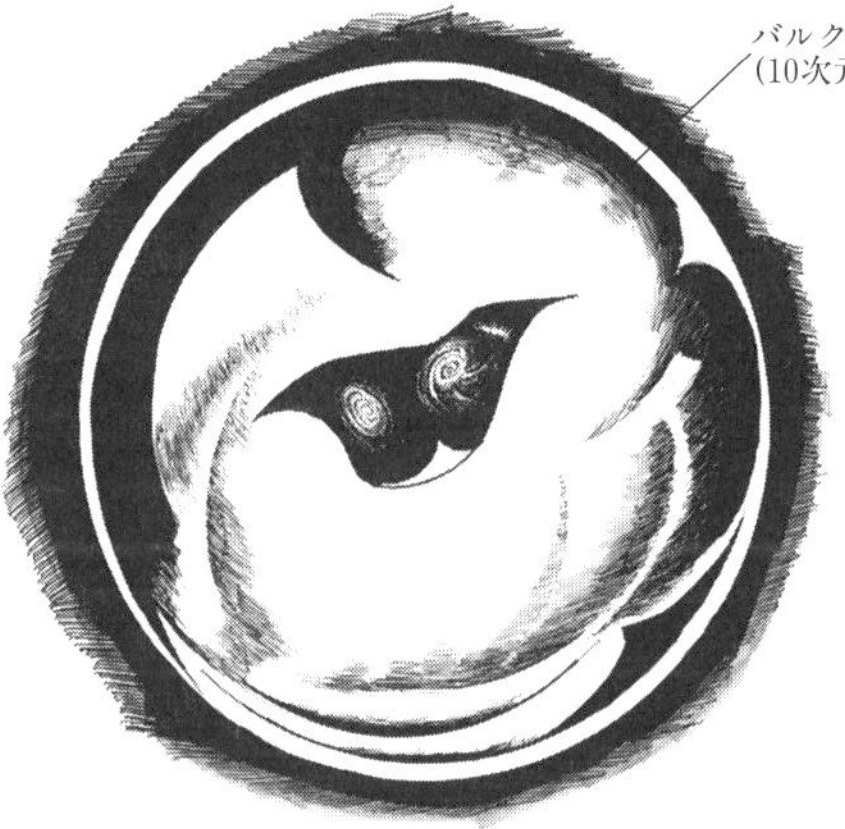

私たちの４次元宇宙は、10次元から見ると、膜のようなものである

その場合、影の世界の住人がもし私たちのすぐそばにいたとしても、ほとんど相互作用しないわけですから、私たちはそれを見ることも感じることもできません。ただし、重力だけは相互作用するわけですから、地球に影の世界が異常接近している場合、こんなことが起こるかもしれません。たとえば、サッカーの試合中にフォワードの選手がゴールめがけてボールを蹴ったつもりが、影の世界の重力に引っ張られてそちらの方向に飛んでいってしまう——。そんな可能性があるというわけです。

あるいは宇宙の向こうから謎の重力波が飛んでくるかもしれない。重力波は一般相対論から予想される、重力現象の結果生じる電磁波のような波ですが、まだその存在は確かめられていません。現在、重力波の検出のための宇宙観測が続けられており、重力波の発見は近い将来確実視されています。

その重力波を調べると、ふつうならば、物体間に働く力が距離rの2乗に反比例する力に対応した波として検出できるはずです。が、しかし、検出された重力波を調べた結果、その重力が$1/r^2$に比例していなければ、ひょっとすると、私たちの宇宙の重力波ではなく、ブレーンワールドが示唆する余剰次元から飛来した重力波なのかもしれません。というのは、n次元の高次元宇宙での重力は$1/r^{n-2}$に比例し、私たちの宇宙の重力とはちがう大きさの力が働くことになるのですから。

日本は世界的に見ても、ブレーンワールドを研究する宇宙物理学者がたくさんおり、「ブレーンワールド王国」ともいわれています。超ひも理論のおかげで思わぬSF的な世界が広がりを見せそうですが、私のように素粒子の専門家にとってはそれほど自然なものとは思えません。余分な6次元はやはり、プランク長さ程度にコンパクト化されていると考えたほうがずっと自然だと思います。ブレーンワールドは、『マンガ超ひも理論——我々は4次元の膜に住んでいる』（講談社ソフィアブックス）に詳しく述べていますので、興味のある読者はそちらのほうを見てください。

ただ、ブレーンワールド学説を検証する、もう少し現実味のある議論として、次のよう

図5-6　膜宇宙

ブレーンワールドを認めると、私たちの４次元宇宙は無数にある「膜宇宙」のひとつにすぎない……といったＳＦ的世界も広がる

な話がありますので、それを述べておくことにしましょう。それは、1ミリ程度の距離での重力の逆2乗則からのずれに関する議論です。

第2章「ニュートンの重力、アインシュタインの重力」の項で述べましたが、アインシュタイン方程式から、重力は物体間の距離の2乗に反比例するというニュートンの万有引力の法則が導かれます。長距離では、実際に重力がこの逆2乗則に従うことがいろいろな実験によって確かめられているのですが、距離が1ミリ程度以下の領域では、まだ実験で直接チェックされているわけではありません。

仮に私たちの4次元時空がブレーンワールドであって、しかも、残りの6つの余剰次元が1ミリ程度に広がっているとすると、われわれが観測する万有引力は1ミリより長い距離では逆2乗則に従うが、それより短い距離では、高次元の重力のように2より大きい冪《べき》

（累乗）に従うことになります。このように、1ミリという相当大きなコンパクト化を考えても、私たちの時空がそのなかに浮かぶブレーンだとすると、現在の実験と矛盾しない理論をつくることができます。これを「大余剰次元の理論」と呼んでいますが、いずれにしても、大きな余剰次元のスケールを手で持ち込まなければならないわけですから、ふつうのコンパクト化のほうがはるかに自然だと思われます。

超ひも理論を行列で解く

さて、超ひも理論第2期ブームのもうひとつの大きな発展は、行列模型の提案です。行列（マトリクス）は高校の数学で習ったことがあるでしょう。ただの数字の羅列ではないかと思った人もいるかもしれませんが、この行列を使ったモデルこそ、超ひも理論を解く新しい計算法として登場したものでした。

まず、行列模型を使うメリットを述べることにします。先に述べたように、ひもの挙動の計算法には摂動論という方法がありますが、摂動論では、たとえばひもが伝播する途中に無限個のひもが現れるような中間状態を扱うことができません。一般に、中間状態に無限個のものが現れるような現象を「無限多体効果」と呼んでいますが、摂動論は基底状態からのずれが小さいと仮定して、そのずれに関して展開をするという近似法ですから、そ

図5-7　無限多体効果

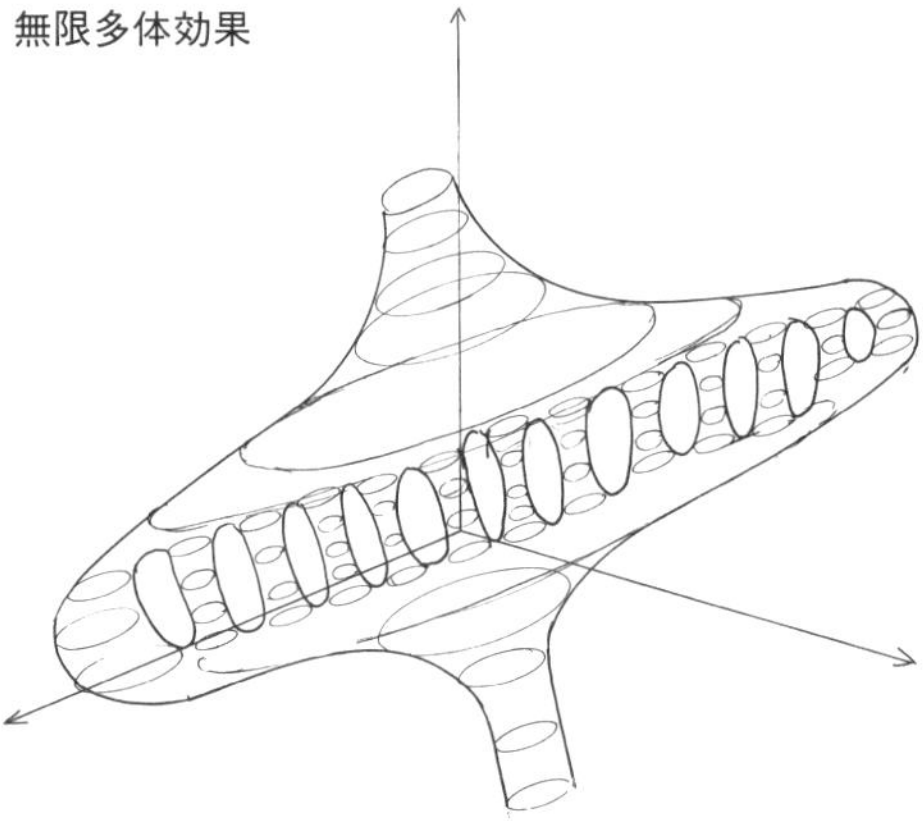

中間状態に無限個の粒子（ないしはひも）を生んでしまうことを、「無限多体効果」という

のような基底状態から大きく離れた状態は表せないのです。

ところが、行列を用いて超ひもを表し、行列を無限大（∞行∞列）にしてやるとします。言い換えれば行列のサイズを十分に大きくしてやると、それによってこの無限多体効果を表すことができるのです（図5-7）。

私と行列模型とのつきあいは、格子ゲージ理論を行列模型を用いて定式化したのがはじまりですから、もう20年以上になります。そのときは、クォーク間の強い力を表す格子ゲージ理論を扱っていたので4次元時空を考えていましたが、ほとんどそのまま10次元に拡張すれば超ひも理論を表す理論になっていたということは驚きです。

ここで扱う行列とは、正方形状に「数」を並べたものです。ただし行列のサイズは無限大としますが、私が発見したのは、そのような行列を4個もってくると、4次元の時空が表せてしまうということでした。出発点は行列が4個あるだけですから、時空の広がりは何もない、すなわち0次元の理論です。それを用いて4次元時空を定式化したわけですから、言い換えると、行列を使うことによって4次元時空を0次元、つまり〝一点の理論〟で記述できることを示した、ということができます。

自分自身が定式化した行列模型の式を見たとき、「なぜ行列を使うとこんなに簡単に時空を表せてしまうのだろう?」と、とても不思議に思ったことを覚えています。一見、ただの数の羅列にしか見えない行列が、クオークがふるまう複雑な4次元時空の場を記述できてしまうことに、不思議な感慨に打たれたものでした。その思いをずっと引きずったことが、行列模型を使った超ひも理論の定式化につながったのだと、いまにして思います。

4次元時空と同様、10次元時空も、一点の理論で記述できることを示してみせたのが、超ひも理論の行列模型による定式化です。しかも超ひもを行列で表してみると、実はゲージ理論を表そうとするときに必要だった付加的な操作もなく、何も手を加えずにすむことがわかりました。実感からすれば、超ひも理論は、定式化に苦労したというよりは、むしろ放っておいたら自然に定式化できたという感じなのです。このことからも、ゲージ理論と比べても超ひも理論のほうが、自然界のあらゆる力学現象を解ける、よりシンプルな理論なのだというように思えます。

では、なぜ行列模型が、超ひも理論を解く計算法として重要視されるようになったのでしょうか。行列模型にはいろいろな側面があるのですが、ここではキーになるひとつの数学の原理について説明することにしましょう。それは、「非可換幾何学」と呼ばれるものです。

非可換幾何学とは?

「非可換幾何学」とは、座標のあいだに交換法則が成り立っていないような幾何学を指します。たとえば、平面はxとyの2つの座標で表せます。ふつうはxとyはただの数であり、もちろん、かけ算について可換、すなわち、$x \times y = y \times x$が成り立ちます。これが必ずしも成り立たないというように幾何学を一般化しよう、というのが非可換幾何学です。

ふつうの幾何学から非可換幾何学への一般化は、古典力学を量子力学に「格上げ」する操作、すなわち量子化の手続きのアナロジーと考えることができます。

量子力学には、位置と運動量は同時に決められないという有名な「不確定性原理」と呼ばれる特徴があります。これは、運動量をp、位置をqとすれば、$p \times q = q \times p$が成り立っていないことを意味します。古典力学では位置と運動量はどちらもふつうの数ですから もちろん可換ですが、量子力学では、これらはもはやただの数ではなく行列であるため、可換ではなくなるのです。このように、古典力学を「格上げ」して量子力学に移行したように、ふつうの幾何学から「格上げ」したのが非可換幾何学というわけです。

また、第2章「量子色力学」の項で述べた、強い力が遠距離にいくほど強くなるという特殊な性質も、ゲージ対称性の非可換性が現れたものですが、ゲージ理論を行列模型で表すときには、この非可換性が重要な役割を果たします。そして、この非可換幾何学が最も如実に現れたものとして、超ひも理論を表す行列模型があるのです。そういう意味で、量子力学やゲージ理論自体が、もともと非可換幾何学と親和性があるといえます。

しかしやはり、非可換幾何性というのは難しいという声があります。そこでまた、たとえ話をしてみましょう。

図5-8を見てください。3次元の空間に、本が浮かんでいます。これを回転変換してみましょう。まずx軸のまわりに90度回転し（これをAとします）、次にy軸のまわりに90度回転します（これをBとします）。すると、本は水平に寝ました。今度は逆に、まずy軸のまわりに90度回転させ(B)、それからx軸のまわりに90度回します(A)。すると、本は横に立っています。

図5-8 「非可換」のイメージ

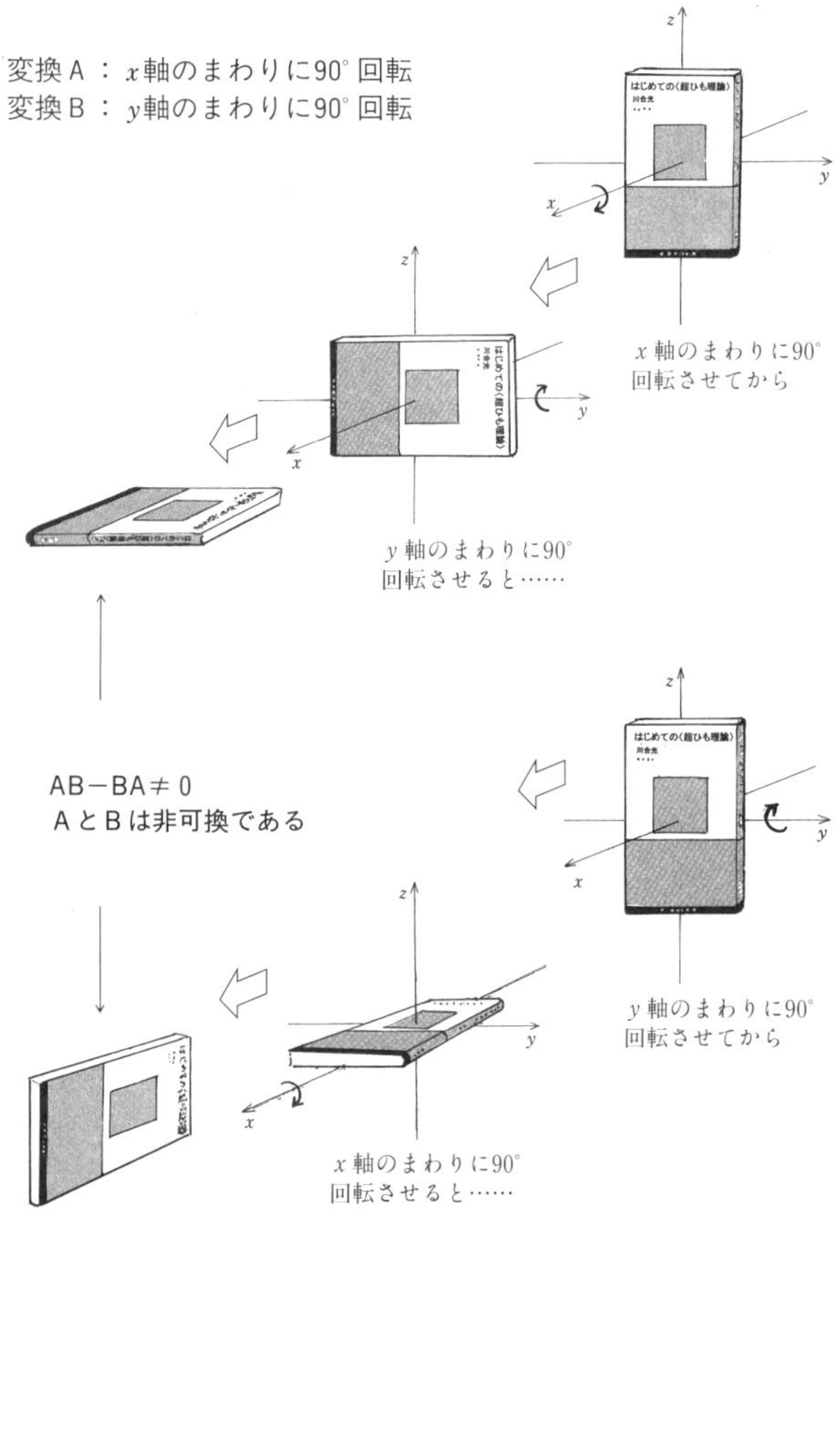

変換A ： x軸のまわりに90° 回転
変換B ： y軸のまわりに90° 回転

このように、AをしてからBと、BをしてからAと操作の手順を交換すると、結果が変わってしまう。A×B＝B×Aにならないのです。これが非可換性です。

ハイゼンベルクの行列

前項で、量子力学はもともと非可換幾何学と親和性があるという話をしました。ここで、量子力学において行列が果たす役割を簡単にまとめておきましょう。量子力学は、2人の偉大な物理学者によって、それぞれ別々の方法で定式化されました。波動関数による記述を完成させたシュレーディンガーと、行列力学を確立したハイゼンベルクです。そしてこの2つは実は等価であるというのが、ここでの要点です。

シュレーディンガーは、ド・ブロイによって唱えられた、物質の運動を粒子でなく波動だととらえる考え方をさらに進め、その波動が時間とともにどう動いていくかという方程式をつくりました。それが波動関数に対するシュレーディンガー方程式です。それは次のような一種の微分方程式で表されます。

$$i\hbar\frac{\partial}{\partial t}\psi=\left(-\frac{\hbar^2}{2m}\Delta+U\right)\psi$$

これに対してハイゼンベルクは、「ボーア－ゾンマーフェルトの量子化条件」というものに注目し、原子のなかの電子がある状態から別の状態へ遷移するときに出す光の強度が、どのように表されるかを考察しました。そして電子の運動量pと位置qとが、ある特定の非可換性をもつ行列によって表されることに気づいたのです。それがハイゼンベルクの行列力学です。

一般に、2つの行列AとBに対して、

$$AB-BA$$

というAとBの非可換性の度合いを表す行列を、

$$[A, B]$$

と書き表します。非可換性の度合いとは交換関係が成り立たない度合いということですから、とりもなおさず、AB−BAという量を考えることになります。ゆえに、[A, B]はAとBの「交換子」と呼ばれています。ハイゼンベルクが見つけたのは、運動量の行列pと位置の行列qのあいだには次のような非可換性がある、というものでした。

$$pq-qp=-i\hbar$$

図5-9　波動関数と行列力学は等価

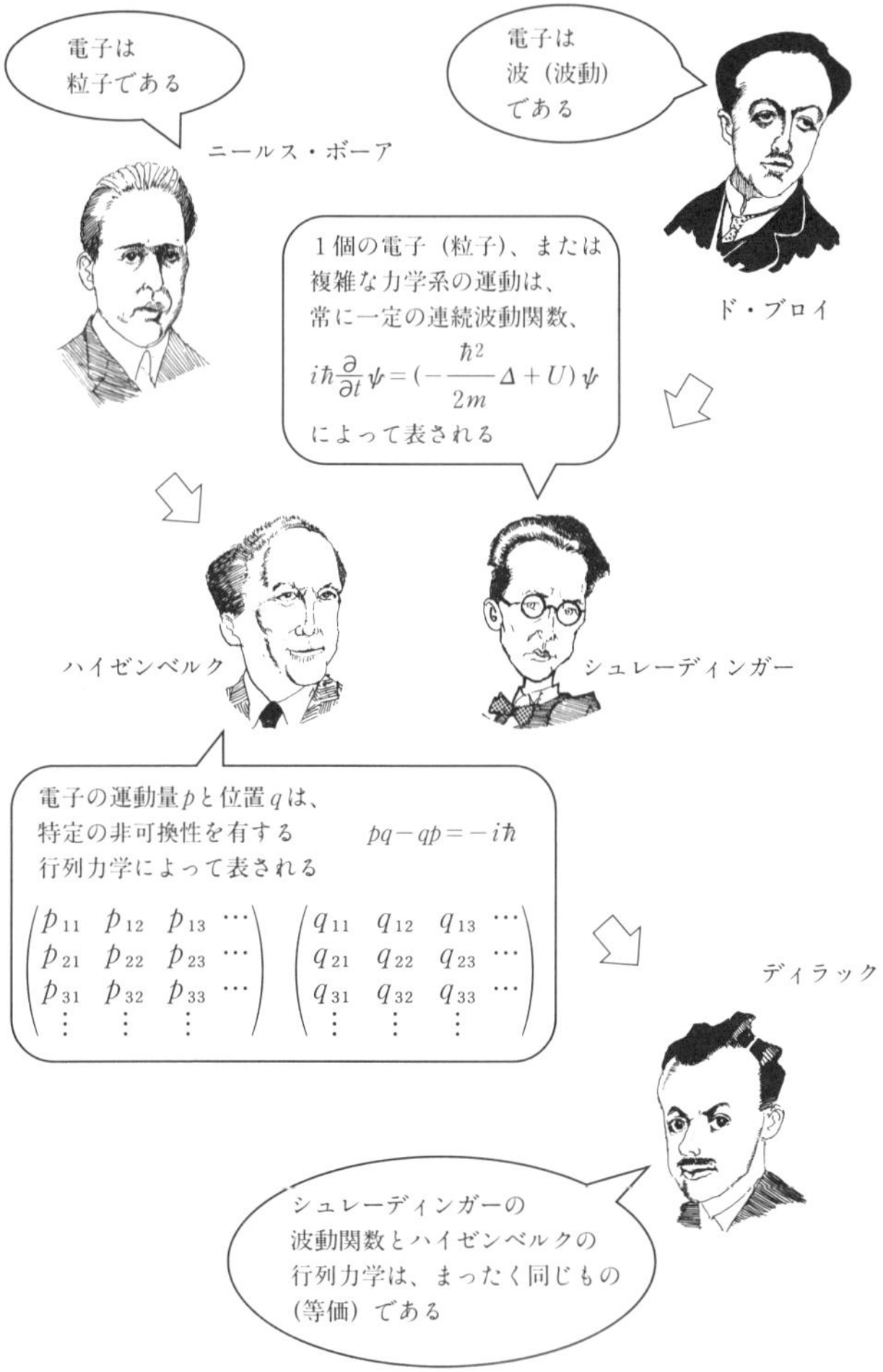
電子は
粒子である
ニールス・ボーア
電子は
波（波動）
である
ド・ブロイ
1個の電子（粒子）、または
複雑な力学系の運動は、
常に一定の連続波動関数、
$i\hbar\frac{\partial}{\partial t}\psi = (-\frac{\hbar^2}{2m}\Delta + U)\psi$
によって表される
ハイゼンベルク
シュレーディンガー
電子の運動量pと位置qは、
特定の非可換性を有する　$pq - qp = -i\hbar$
行列力学によって表される
$\begin{pmatrix} p_{11} & p_{12} & p_{13} & \cdots \\ p_{21} & p_{22} & p_{23} & \cdots \\ p_{31} & p_{32} & p_{33} & \cdots \\ \vdots & \vdots & \vdots & \end{pmatrix} \begin{pmatrix} q_{11} & q_{12} & q_{13} & \cdots \\ q_{21} & q_{22} & q_{23} & \cdots \\ q_{31} & q_{32} & q_{33} & \cdots \\ \vdots & \vdots & \vdots & \end{pmatrix}$
ディラック
シュレーディンガーの
波動関数とハイゼンベルクの
行列力学は、まったく同じもの
（等価）である

このハイゼンベルクの行列力学と先に述べたシュレーディンガー方程式は、一見ちがったものに見えますが、実は同じ内容であるということがわかっています。結局、微分という言葉で表したか、行列という言葉で表したかだけのちがいなのです。この2つが等価であることは、ディラックによってわかりやすい形にまとめられ、初期の量子力学は完全なものになりました。

IKKTモデル

ここでわれわれのグループの定式化した、超ひもの行列模型（「IIB行列模型」あるいは、「IKKTモデル」＝石橋・川合・北沢・土屋モデル＝と呼ばれています）とはどんなものなのか、参考までにですが、紹介しましょう。

前にも述べたように、いろいろな系を量子力学的に記述するためには、その仮想的なパス（経路）に対する作用を与えてやればいいのです。ですからわれわれの行ったことは、超ひもの系を行列によって表し、作用Sを具体的に与えることでした。まず、10次元の時空を表すために10個の∞行∞列の行列をもってきます。そうしますと面白いことに、ひもが無限個あるような状態も含めて、ひもの運動はすべて10個の行列にコードされてしまうのです。つまり、10個の行列のなかに宇宙全体が入ってしまうわけです。この10個の行列をA_μ（$\mu=1, \ldots, 10$）としますと、それらのあいだの非可換性は〔A_μ, A_ν〕で表されることになります。これらの2乗をとって、μとνについて足しあげると、10個の行列がお互いにどれくらい非可換であるかを表す量が得られますが、そのトレースをとったものを行列模型の作用とします。すなわち、作用は

$$S=-\frac{1}{4g^2}\sum_{\mu,\nu}\mathrm{Tr}\,[A_\mu,\ A_\nu]^2$$

と表せます。ここで、Trとは「トレース」のことで、行列の対角成分を足しあげて得られる数を表します。

超ひも理論の行列模型とは、本質的にはこれだけなのですが、あと少しだけ複雑です。超ひも理論のもつ重要な対称性である超対称性を理論がもつために、A_μのほかに、ψ《プサイ》という「グラスマン数」を成分にもつ行列を導入する必要があるのです。ここで「グラスマン数」とは、A×B＝－(B×A)という特別な性質をもつものです。A_μは10次元のベクトルであり10個の成分をもっていますが、その超対称パートナーであるψは10次元のスピノルであり16個の成分をもっています。ここで「スピノル」とは、ベクトルやテンソルのようにローレンツ変換に対して決められた変換をするもので、2つのスピノルをかけ合わせたとき、ベクトルと同じ変換になるようなものです。

最終的にわれわれが見出した、IIB行列模型はこうなります。

$$S=\frac{1}{g^2}\left\{-\frac{1}{4}\sum_{\mu,\nu}\mathrm{Tr}\,[A_\mu,\ A_\nu]^2-\frac{1}{2}\mathrm{Tr}\,(\bar{\psi}\Gamma^\mu\,[A_\mu,\ \psi])\right\}$$

難解な式だと思われるかもしれません。そう感じられたら、眺めるだけでけっこうです。それでもいくぶんかは、われわれの呻吟《しんぎん》した息遣いは感じてもらえるでしょう。ただし、この行列模型の式を3つのブロックに分けて説明を聞けば、ずいぶんシンプルな定式化だと気づくはずです。

まず、右辺の大きなカッコのなかの、

$$-\frac{1}{4}\sum_{\mu,\nu}\mathrm{Tr}\,[A_\mu,\ A_\nu]^2$$

は行列〔A_μ, A_ν〕を2乗したもののトレースをとることを表し、

$$-\frac{1}{2}\mathrm{Tr}\,(\bar{\psi}\Gamma^\mu\,[A_\mu,\ \psi])$$

は行列ψを〔A_μ, ψ〕にかけたもののトレースをとることを表します。間に挟まっているΓ^μはψとA_μの成分を適当に組み合わせたものを足しあげることを意味しています。そし

て、最初の

$$\frac{1}{g^2}$$

は、ここに現れた行列が、どれくらい非可換かを表す係数というわけです。

ここで注目していただきたいのは、パラメータのgです。行列A_μは時空の座標ですから長さの次元をもちますが、作用はその4次式をgの2乗で割ったものになっています。作用は無次元量ですから、gは、長さの2乗の次元をもっています。序章で、超ひも理論の鮮やかな点は、理論のなかに1個のパラメータも含まないことだと述べましたが、厳密にいうと、長さのスケールを決める1つのパラメータ以外には1個もないという意味です。それがほかならぬ、プランク長さであり、行列模型ではこのgの$\frac{1}{2}$乗というパラメータなのです。

超ひも理論でブラックホール蒸発の謎を解く

万物のあらゆるものを解く超ひも理論は、ブラックホールの謎も解ける可能性ももっています。もう少し具体的に焦点を絞って話を進めると、ホーキングが提唱し話題を呼んだ、ブラックホール蒸発の謎が解ける可能性があります。

それは最初、Dブレーンの発見によってもたらされました。まず要点をいうと、Dブレーンを何枚か重ね合わせてブラックホールをつくり、それがもっているエントロピーを計算したところ、ホーキングがブラックホール蒸発の理論をつくった際に見出したエントロピーの値と一致したのです。どういうことでしょうか。

すでに述べたように、Dブレーンはエネルギーの塊ですので、それを何枚も重ね合わせることは、質量をたくさん詰め込むことになり、それによってブラックホールを人工的につくることができます。

エントロピーというのは、与えられた状況で系がとりうる状態の数の対数のことですから、それを数えることによってDブレーンからつくられたブラックホールのエントロピーがわかります。

一方、ホーキングがブラックホールの蒸発を唱えたとき、「ホーキング輻射」といわれるブラックホールの出す輻射の温度から、アインシュタイン方程式を使い、ブラックホールのエントロピーがどれくらいになるか、数値を出しています。このホーキングが導き出したブラックホールのエントロピーと、Dブレーンから導かれたエントロピーが一致したわけです。

言い換えると、Dブレーンを使ってブラックホールを人工的に再現することによって、

「エクストリーマルブラックホール」と呼ばれる特殊な場合だけではありますが、これまであまりよくわからなかったブラックホールのなかの様子がずいぶん理解できるようになったのです。

しかしブラックホール蒸発にはまだ最後の謎が残されています。すなわち、ブラックホール蒸発の最後の最後の瞬間に何が起こるか、という謎です。それが超ひも理論によって解かれる可能性があります。

ホーキングによれば、ブラックホールはエントロピーと温度をもっています。それが輻射していくことで、ブラックホールが縮んでいくというのが、ブラックホールの蒸発といわれるものです。縮むということはブラックホールのまわりの曲率半径が小さくなり、すなわち空間の曲がり具合が激しくなり、さらに温度が上がることを意味します。

いま、曲率半径がプランク長さにまで達するとします。言い換えると、ブラックホール蒸発の最後の瞬間ですね。そこでは、もはや時空はアインシュタイン方程式では扱えません。超ひも理論だけが扱える領域なのです。

その意味では、ホーキングの理論はアインシュタイン方程式を用いた解析なので、ブラックホール蒸発の最後の瞬間に何が起こるのかは明らかにできないといえます。もっともホーキングは何が起こるか、予言はしています。それは、ブラックホールができたときに中に吸い込まれ、失われたかに見える情報は、蒸発の最後の瞬間まで取り戻せない、つまり情報は失われたままであろうという予言です。

ブラックホールに情報が吸い込まれて失われるとは、どういうことでしょうか。

第1章で、1メートルのひもを取り出すことは原理的には可能だが、そのときはミニブラックホールができるという話をしました（69ページ図1－14参照）。もし仮に、いまあなたの目の前にミニブラックホールが突然出現したら、テーブルの上にあるペンとかお茶のペットボトルなどあらゆるものが、凄まじい重力現象のためにブラックホールの中に吸い込まれてしまいます。これらのペンとかペットボトルといったものが、ここでいう「情報」に相当します。たとえ話をするとブラックホールは、これらの情報に墨を流して真っ黒にして、外から見えなくしたようなものです。ブラックホールが成長するというのは、このように吸い込んだ情報を中に隠し持ちながら大きくなること、といえます。

ホーキングは、この情報はブラックホールが蒸発する最後の瞬間になくなってしまうといっているわけです。彼の予言を信じれば、ブラックホールが隠し持っていたはずのすべての情報は永遠に失われたことになってしまいます。

さあ失われた情報はいったいどこへ消えてしまったのか、というのが謎です。超ひも理論は、この謎を解く可能性を秘めています。本当に蒸発によって情報は失われてしまうのでしょうか？　もっとも最近のホーキングは、情報が失われるだろうという自分の予言を撤回しているようですが……。

超ひも理論で私たちの住む４次元時空を導き出す

Ｄブレーンの発見によって始まった超ひも理論の第２期ブームも、21世紀に入り、そろそろ終わる気配が見えてきています。第２期の功績としては、このＤブレーンの発見と、行列模型をはじめとするゲージ理論による超ひもの定式化があげられると思いますが、その様相も少し落ち着いてきたようです。その理由を一言でいってしまうと、扱いやすい方法で、超ひも理論を完全に定義するには至らなかったからです。

しかし少しずつですが、第３期ブームが始まるのではないかという、予兆めいた研究も始まっています。そのひとつの可能性が、巻末で試論として述べている「サイクリック宇宙」論ですが、これとは別に、現在われわれが進めている研究は、次のようなものです。

序章で、超ひも理論は現在の完成したゲージ理論である標準模型の正しさを、もっと高所から検証する機会になりうると述べました。現在、その作業をすでに進めています。もう少し具体的にいうと、本章の「ＩＫＫＴモデル」の項で示した行列模型を実際に解いてみて、そこから私たちの住む４次元宇宙が、標準模型の描く世界と矛盾のない世界として本当に正しく描けているか、という研究です。言い換えると、10次元時空である超ひも理論から、私たちの4次元宇宙へ落とし込みができるのかどうかという問題です。結論からいうと、ほんの少しですが手ごたえをつかみかけています。

その方法とは、行列模型という抽象化されたモデルを用いて、10次元のなかで、実際問題として4次元の時空はどれくらいに広がっているかを計算によって求めてみるというやり方です。たとえていうと、隅々まで整合性の取れた設計図をもとに、モデルハウスを作るような試みでしょうか。ところが厳密に抽象化された設計図から、実際にものを作ってみるには、本質を損なわないような近似的なやり方を見つけなければ実現できないなど、意外に困難を伴うことがあります。われわれの場合も、行列模型から具体的な時空に展開するための近似的な計算法がなかなか見つからず、数年苦労しました。

ところが最近、ひとつのシステマティックないい近似法が見つかったので、その方法を使って、10次元のなかで時空はどれくらい広がっているかを計算してみました。その結果、10個の行列で表された10次元のうち、たしかに6方向はぴしっとつぶれており、4次元方向に時空が広がっていることを読み取ることができました。

さらに詳しく説明すると、10次元の行列模型を使って、現在の私たちの宇宙が実際にはどうなっているか調べてやると、たしかに6次元はつぶれてなくなっており、現在の私たちの時空を表す4次元時空だけは——現実の宇宙空間の広がりのように——無限に広がっているのが見えたということです。6次元のつぶれ方ですが、丸いボールをくしゅっとつぶし、プランクの長さに縮こめたような感じのイメージを読み取ることができました。要するに、超ひも理論の初期の頃、さんざん苦労した6次元のコンパクト化を、ここにいたってようやく、理論から現実のものとして再現することができたというわけです。

もちろん私たちの4次元宇宙が見えたからといって、かろうじて垣間見えたといえる程度の段階です。今後の課題としては、広がった4次元時空の上に、本当にクォークやレプトンなど標準模型に現れる粒子が住んでいるのかどうかを確かめなければ、超ひも理論の見地から標準模型をきちんと検証したことにはなりません。それがわかれば、超ひも理論の第3期ブームは確実に始まっていることでしょう。

完成までのあと一歩

超ひも理論は第1期、2期でどんな展開をしてきたか、第3期ブームはどうなるかということをイメージで表すと図5-10のようになります。中心に「M」と書かれた下の図は、ウイッテンによって提唱され、超ひも理論研究の旗印になったものです。いかにも超ひも理論の旗振り役を務めたウイッテンらしいでしょう。

図5-10　超ひも理論の完成期は？

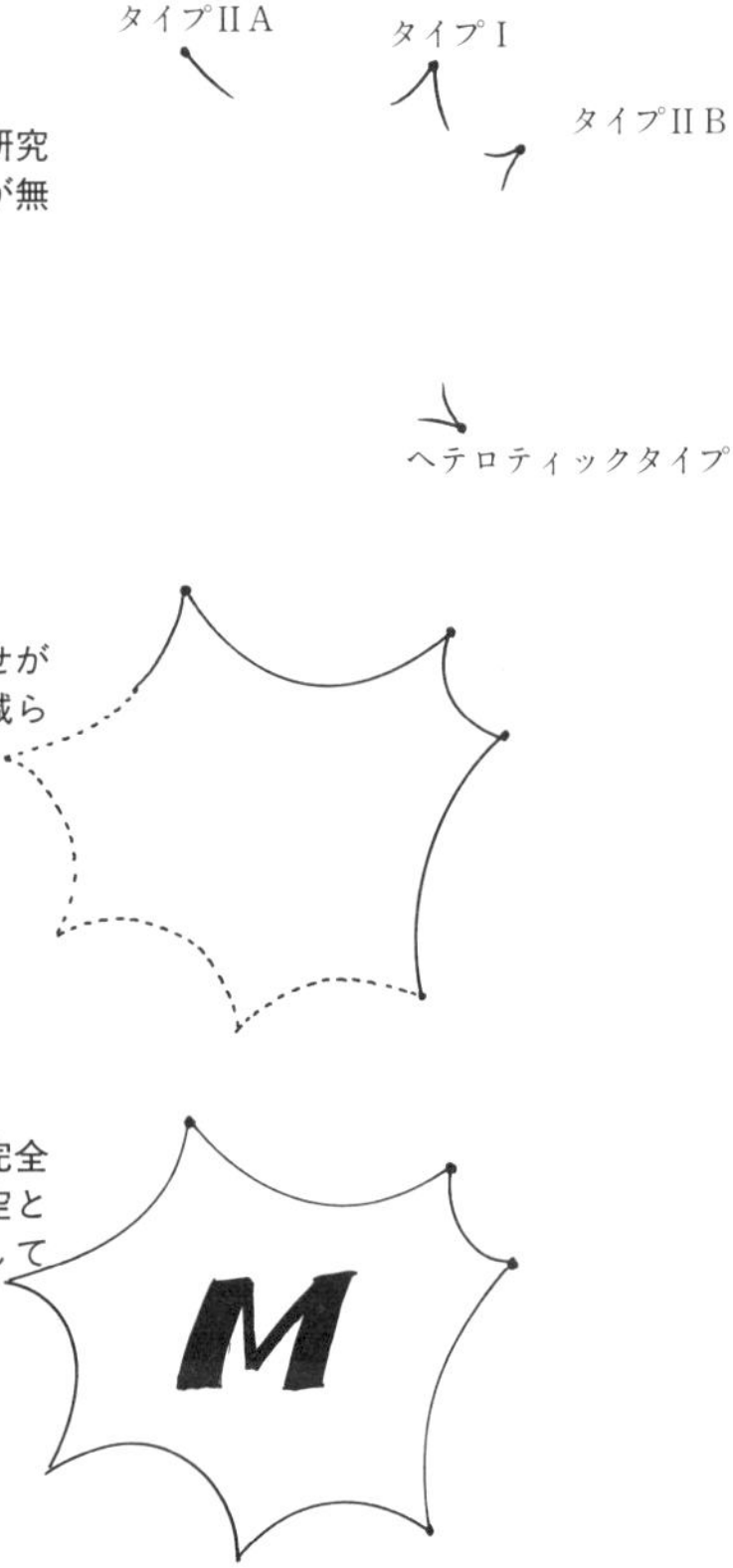

【第１期】（1984～89頃）
それぞれのタイプの真空を研究したところ、超ひもの真空が無数にできてしまった

【第２期】（1995～）
それぞれの真空の重ね合わせがいくつかでき、真空の数を減らすことに成功した

【第３期】（？）

それぞれのタイプの真空が完全に重ね合わされ、唯一の真空として、シンプルな数式としても、記述できる！

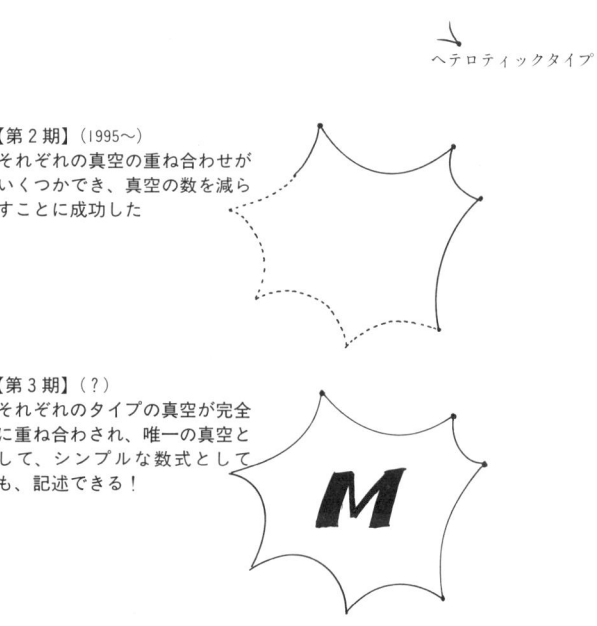

図を見ると、第1期ではそれぞれの真空を個別に研究した結果、無数の真空ができてしまいました。各点で表された超ひもの真空どうしの横のつながりはまだありません。第2期の図では、それぞれの真空の重ね合わせができ、真空の数を減らすことに成功しました。各点で表された超ひもの真空のいくつかどうしは実線でつながれています。第3期の図は、各点がすべて実線でつながれ、それぞれのタイプの真空が完全に重ね合わされ、唯一の超ひもの真空として記述できているということを表しています。

超ひも理論は、21世紀に入り、第2期ブームが終焉しかけて停滞ムードになったことから、少し悲観的になっている人もいますが、私は、おそらく近い将来に最終的な定義が完成し「第3の超ひもブーム」が始まると感じています。

第3期ブームが始まれば、標準模型が検証されたり、「セオリー・オブ・エブリシング」として超ひも理論が、クオークの世代数や質量、ゲージ群の構造、ニュートン定数やその他の結合定数など、現在知られているあらゆる物理量を説明してみせたり、ブラックホールの謎が完全に解けたり、われわれの「サイクリック宇宙」論が宇宙論に新たな展開を拓《ひら》いたり、それは賑《にぎ》やかなことになるでしょう。しかし何といっても究極の目標は、超ひも理論を完全に定義し、超ひもの唯一の真空を見出すことに尽きます。われわれの行列模型は、ほかのタイプの類似のモデルと比較しても最も対称性が高いものであり、その有力候補と目されていると思います。

ただ、前項でも述べたように、われわれの行列模型から実際の時空を出す近似計算でさえ、相当難しい計算を要求され、苦労しています。計算にてこずるのは決して褒《ほ》められたことではありません。いやむしろ、そんなに計算に苦労するのは、われわれの行列模型も、まだあと一歩、本質をはずしているのかもしれません。その意味では、行列模型のモデル自身、少し改良したほうがいいのではないかと思っています。しかし私自身、最終的に完成した姿は、いまの行列模型をほんの少し改良しただけで落ち着くのではないかと感じてもいます。

提唱されて後のウイッテンは、この新理論を推進する旗振り役として大きな役割を果たした。最初の功績は、ファインマンが批判した〝次元問題〟の克服である。ウイッテンは10次元のうちの6次元分の余剰次元を「丸め込んで」みせた。

90年にフィールズ賞を受賞してからは、とくに超ひも理論の宣伝役として影響力を発揮した。なかでも超ひも理論の研究者を糾合し、理論の進展に大きな牽引力を発揮したのが「M理論」である。243ページに掲げた超ひも理論進展のイメージ図は、実はウイッテンがM理論を提唱したときに用いられたものだ。この図には、最初は真ん中に「M」の文字が書かれ、宗教結社のシンボルマークのようだったが、その後、超ひも理論の研究者には「M」を端にして、「String」を真ん中に書く人も増えたという。

さて2人の「父」の近況だが、ウイッテンは最近、超ひも理論になぜか興ざめし、「なんでこんなつまらないことをはじめちゃったんだろう？」というようなことを言っているとか。政治の季節同様、超ひも理論の季節に飽きてしまったのだろうか。一方、シュワルツはすっかり有名人になったが、超ひも理論の研究は続けているという。生みの親はやはり、超ひも理論の最終定義の完成した姿を見届けたいのだろう。

（高橋繁行）

ジョン・シュワルツ

エドワード・ウイッテン

コラム5 2人の父、シュワルツとウイッテン

超ひも理論には、生みの親、育ての親と目される2人の「父」がいる。ジョン・シュワルツ（1941～）とエドワード・ウイッテン（1951～）である。

シュワルツは1970年代、完全に孤高の人であった。彼が提唱したひも理論は一部にはある種の期待感をもって受け止められていたが、大部分は「妄想の類」と冷ややかに見ていたという。

『ファインマンさん最後の授業』（メディアファクトリー刊）には当時の様子がヴィヴィッドに描かれている。御大ファインマンのひも嫌いはことのほか有名で、シュワルツのひも理論を「ナンセンスな理論」と決めつけていた。その大きな理由には、ひも理論が10次元時空を要求することがあった。カリフォルニア工科大学のセミナーで、ある日講義をしたシュワルツに向かって、セミナーに参加したファインマンは、こんな痛烈な野次を飛ばした。

「おいシュワルツ、今日の君はどの次元にいるんだ？」

ただ、『ファインマンさん最後の授業』の叙述で興味深いのは、シュワルツは、ひも理論が断然不利な状況下でも、「矛盾を取り除くような数学的な奇跡が起きる」と考えたことだ。というのは、この数学的な奇跡こそ、シュワルツともう1人の超ひも理論の父、ウイッテンとの偶然の出会いを導くことになったからだ。

超ひも理論が矛盾のない理論として登場するためには、「アノーマリ」と呼ばれた対称性の異常を克服しなければならなかった。シュワルツはこのアノーマリが超ひも理論では解消されることを示し、84年、超ひも理論は大きな話題を呼んだわけだが、実はこの少し前、10次元時空におけるアノーマリを数学的に示し、問題点を指摘したのがウイッテンだったのである。

ウイッテンは70年代初め、政治運動に熱中していた。大学生として反戦運動に参加したし、72年の大統領選に立候補したマクガバンの演説の草稿を書いたこともあるという。しかしその後、政治に飽きたのだろう、物理学者の道を選ぶ。84年、超ひも理論が

《付録》

私たちは50回目の宇宙に住んでいる？

超ひも理論によるサイクリック宇宙試論

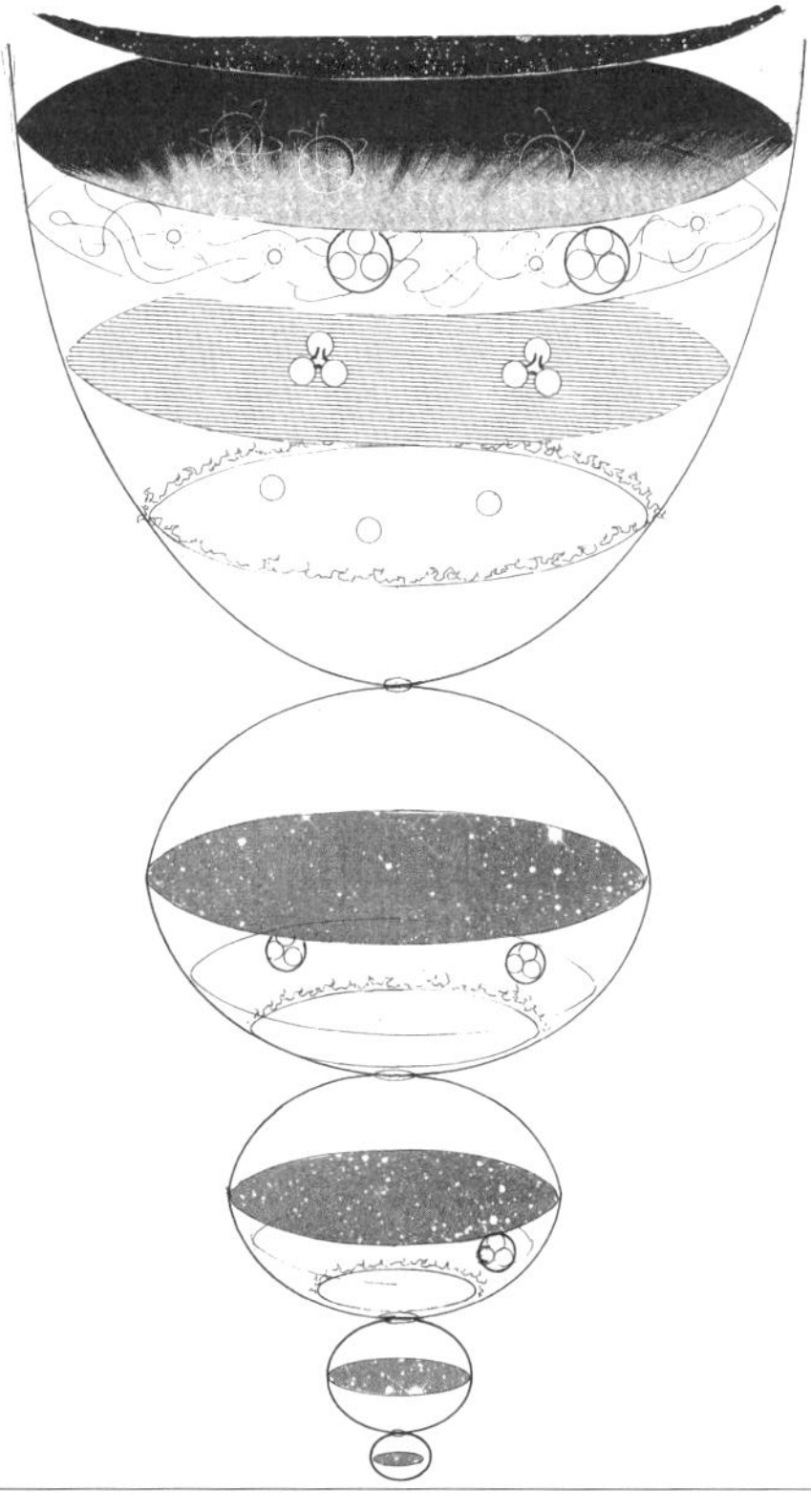

現在の宇宙はビッグクランチとビッグバンのサイクルを30～50回繰り返したあとのものかもしれない……

新サイクリック宇宙論

第1章で述べたように、素粒子物理学者の仕事をひと言でいうとすれば「物質をとことんまで細かく見る」ことであり、宇宙そのものがテーマなのではありません。ところが面白いことに、「もうこれ以上は分割できない究極の物質の構成要素は何か」を探ることは、「宇宙とはどのように生まれ、形成されてきたのか」を問うことと同じなのでした。

そのようにして、われわれの先輩である素粒子物理学者たちが、さまざまなかたちで宇宙創成の姿を解明してきました。では、われわれがいま取り組んでいる超ひも理論からは、どんな宇宙の「生い立ち」が見えてきているのでしょうか。

要点は2つあります。ひとつは、われわれはここで、多くの宇宙論研究者に支持されている「インフレーション理論」とは異なる見解をとり、超ひも理論の成果をもとにした新しい宇宙初期の指数膨張の説明を試みていることです。第3章で述べたように、非常に巧みに編まれたかに見えるインフレーション理論も、素粒子物理学者から見るといくつかの点で不自然さをもっています。そこで、ここではこのインフレーション理論に代わりうる試論を展開したいと思います。

もうひとつは、この宇宙の新たな指数膨張論を前提にした、サイクリック宇宙論を展開するということです。結論からいうと、「私たちはいま、ビッグバン—ビッグクランチのサイクルを30〜50回ほど繰り返したあとの宇宙に住んでいる」と考えられます。現在の宇宙の時間発展をさかのぼっていくと、ビッグバンの先にはビッグクランチがあったことが見えてくるのです。すなわち、ビッグバンで成長を始めた宇宙はいったん収縮に転じ、ビッグクランチを迎える。ところがそのまま消滅するのではなく、再びビッグバンを起こし、膨張を始める……。このサイクルを何十回か繰り返した、と考えられるのです。

宇宙が始まりと終わりを繰り返すという宇宙論のことを「サイクリック宇宙」論といいます。このサイクリック宇宙の考え方そのものは、実は、アインシュタインが登場した直後くらいからあるのですが、矛盾のない理論としてはこれまで作り出せませんでした。その大きな理由としては、アインシュタイン方程式を用いている限りは、サイクリック宇宙を説明するのには限界があったことがあげられます。しかし超ひも理論を用いれば、科学的な検証にたえうる描像が描ける可能性があります。

ただお断りしておきたいのは、現在のところ、われわれの「インフレーション理論」に代わる見解も新しいサイクリック宇宙論も、必ずしも全面的に認められているわけではないことです。われわれ自身、自説のどこに弱点があるのかも承知しています。ただ、超ひも理論のあげてきた成果を利用すれば、矛盾のない理論として描き出すことができます。

そして何より、現在ほとんど議論されていない、インフレーション以前の宇宙創成の姿を解明する議論に一石を投じることになるはずです。

膨張か収縮か、それとも定常宇宙か

宇宙が始まりと終わりを繰り返すサイクリック宇宙の話をする前に、まず、宇宙が今後どのようになり終焉を迎えるのかということを示した、すでに定説になっている宇宙の終末論について述べておきましょう。

宇宙の終末には3つの可能性があります。膨張を続ける現在の宇宙がさらに膨張していく「膨張宇宙」、膨張が次第に緩やかになり宇宙の大きさが一定値に近づいていくという「定常宇宙」、宇宙が膨張から収縮に転じていく「収縮宇宙」です。この収縮宇宙が前の項で述べた、ビッグクランチに相当します（図6-1）。

このような宇宙の終わりを予測するには、宇宙の膨張のしかたに注目しなければなりません。

宇宙の膨張のしかたは、第3章で述べた宇宙項と、宇宙に存在する物質の密度との関係によって決まります。宇宙項は、真空がどの程度のエネルギーをもっているかを表す定数です。第3章で述べましたように、宇宙項が大きいほど〝エネルギーのただ食い〟の効果

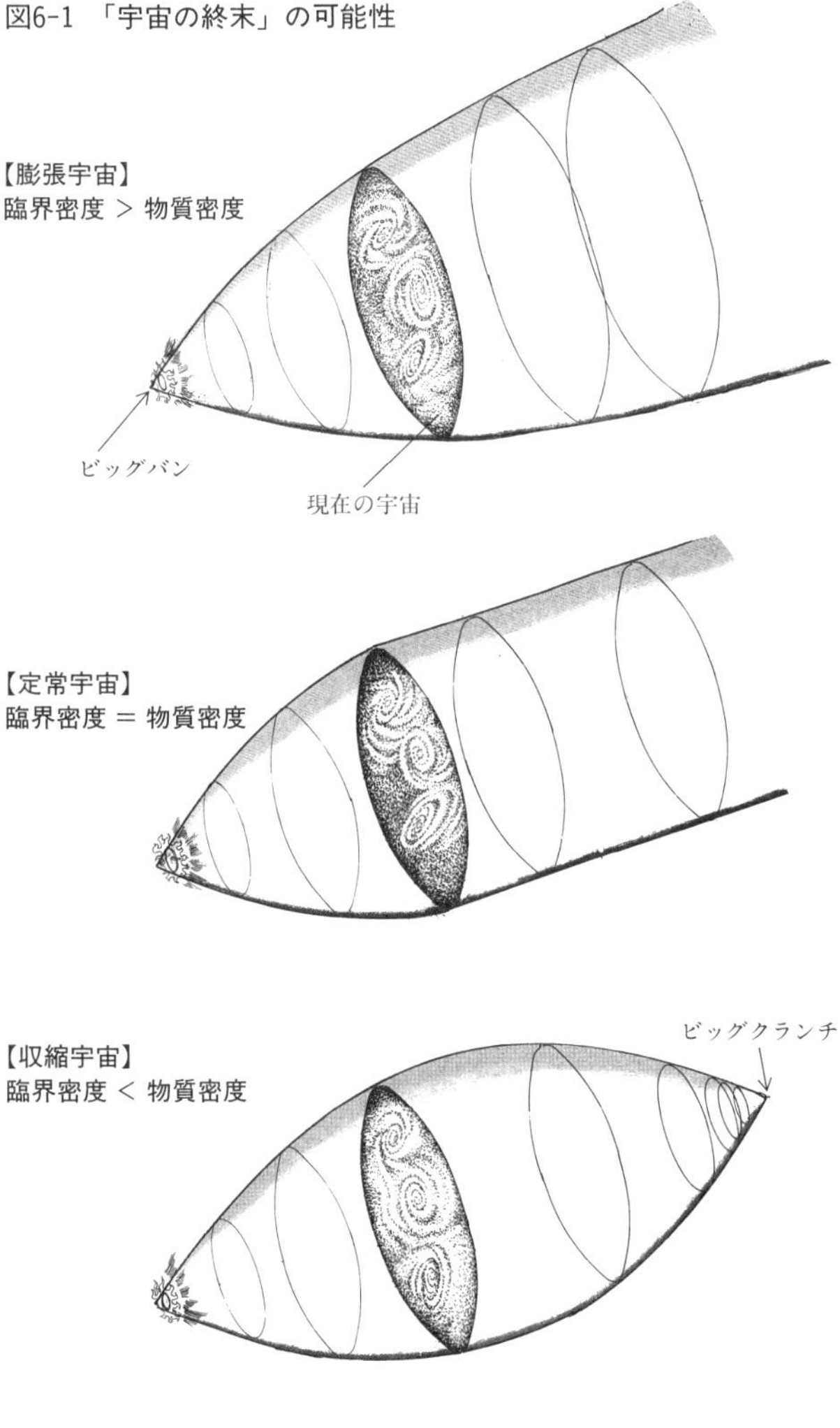

図6-1 「宇宙の終末」の可能性

が大きく、宇宙は速く膨張します。これに対して物質密度というのは、空間にどれくらいの密度で物質が詰まっているかという度合いです。言い換えれば、宇宙のなかで銀河をはじめとする物質がお互いにどれくらい近くにあるかを表しています。物質のあいだの距離が近ければ近いほど、そのあいだに働く万有引力は大きくなりますから、物質の詰まった空間はますます縮まっていく傾向が強くなるわけです。

現在の宇宙は膨張を続けている、すなわち宇宙は正の膨張速度をもっていますが、これが将来どうなっていくかは、物質密度による減速効果と宇宙項による加速効果の競合で決まってくるのです。つまり、現在の物質密度が充分に大きければ、減速の効果は大きく、将来ある時点で膨張速度が正から負に転じ、宇宙が収縮をはじめることになります。逆に物質密度が小さければ、膨張速度は正のままで宇宙は永遠に膨張し続けることになります。この境目を「臨界密度」と呼んでいます。

物質密度が臨界密度より小さい場合　↓　「膨張宇宙」
物質密度が臨界密度と等しい場合　↓　「定常宇宙」
物質密度が臨界密度より大きい場合　↓　「収縮宇宙」

この3つの宇宙の終末のいずれが正しいか、確実なことはいえませんが、観測によりますと、現在の宇宙の物質密度は臨界密度にかなり近いことがわかっています。

このへんは微妙なところですが、WMAPなどの最新の観測データを信じますと、宇宙項の効果が少しだけ物質密度の効果を凌駕《りょうが》しており、宇宙は膨張を続けたまま終焉を迎えると予測されます。

第3章で述べたように、宇宙項は真空のエネルギーと同義です。真空のエネルギーが正の値だとしますと、圧力は負になりインフレーションを引き起こします。ふつうは、インフレーションが終了して再加熱が起きるときには真空のエネルギーはゼロになると考えてきたわけですが、それが厳密にはゼロでなく、ほんの少し残っているというわけです。そのほんの少し残った宇宙項が、宇宙の終わりになると効いてきて、収縮に転じるはずの宇宙をゆっくりと膨張させる方向に働かせるということになります。

以上が、宇宙の終末の見通しです。ここで再び私たちの宇宙の「生い立ち」に目を転じ、時間発展をさかのぼることにしましょう。超ひも理論の成果をもとに「インフレーション以前」を見ていくと、プランクスケールの先に、前世代の宇宙の指数関数的収縮、すなわちビッグクランチが見出されるのです。

ビッグクランチはどのように起こるか

ビッグクランチとは、ビッグバンが無から一点突破して膨張宇宙が始まったのと同様に、宇宙の終わりはビッグバンと逆向きの現象が起こり、1点にまで収縮して無に帰するであろうという、宇宙の終末を指す用語です。いまからその説明をしますが、その前に、宇宙の終わりと始まりが2つの円錐形でつながった図（図6-2）を眺めてください。

これまでに示してきた宇宙創成図とはちがって、ちょうどプランク長さの宇宙のところで鏡に映したように、宇宙の始まりと終わりがぴったりとつながっています。われわれはこの、指数収縮（ビッグクランチ）に続いて指数膨張（ビッグバン）を示す宇宙を「ハゲドン宇宙」と名付けていますが、これが超ひも理論から導き出した、宇宙の終わりと始まりの描像なのです。

さて、ビッグクランチにまず何が起こるかというと、最初に述べたように、ビッグバンと逆向きの現象が起きます。高温の小さな火の玉宇宙だったビッグバン宇宙が、温度がだんだん冷え宇宙が膨張してきたのと逆向きですから、宇宙が終わりに近づき収縮すると温度もだんだん高くなります（以下、259ページ図6-3参照）。

晴れ上がっていた宇宙は、だんだん光が通らなくなり、曇りの状態になります。さらに温度が高くなると、合成されていた元素の分解が始まります。陽子と中性子はばらばらに

図6-2　宇宙の終わりから始まりへ

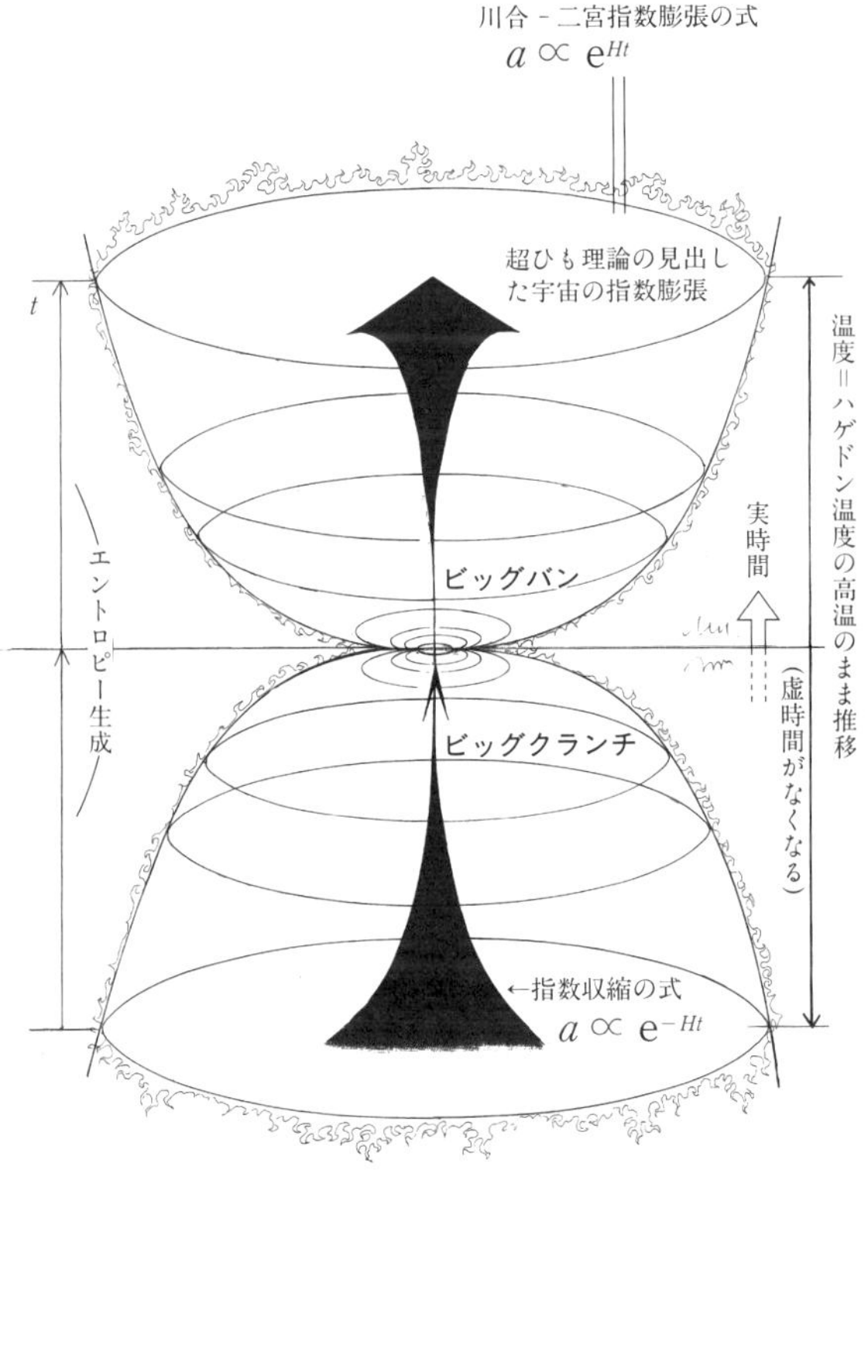

なり、クオークという基本粒子に還元されていくわけです。そしてビッグバンでクオークが質量を獲得したヒグス場の値が発生したときに相当する温度になると、今度はクオークの質量がなくなっていきます。言い換えると、ゲージ対称性が回復してしまうわけです。

ここから先で、ビッグバンではインフレーションが起こったわけですが、ビッグクランチではまったく逆向きの現象が起こるというわけにはいきません。第3章「インフレーション理論とは?」の項で述べたように、インフレーションのあいだは急激な膨張により物質のエネルギーは薄められ、温度はほとんど絶対ゼロ度ということになります。しかし、宇宙の終わりにこの逆過程はありえません。つまり絶対ゼロ度という冷たい宇宙を考えなければならない理由がないので、「1メートル宇宙」で達した温度の上限であるプランク温度、別の言い方をすればハゲドン温度のまま、つぶれていくということになるでしょう。温度の上限のことを、ハゲドン温度ということはすでに述べました。

この段階の宇宙ではもはや粒子は存在していませんので、ひもがうようよと励起《れいき》されるという描像で描くことになります。問題はそのあとです。宇宙の一番はじめは、第3章で、虚時間から宇宙のタネがトンネル効果によって生まれたと述べました。ビッグクランチの一番最後では、それと逆向きの現象が起こり、宇宙はなくなってしまうのでしょうか? そうではありません。われわれが超ひも理論から導き出した新しい理論では、虚時

図6-3　ビッグクランチのゆくえ

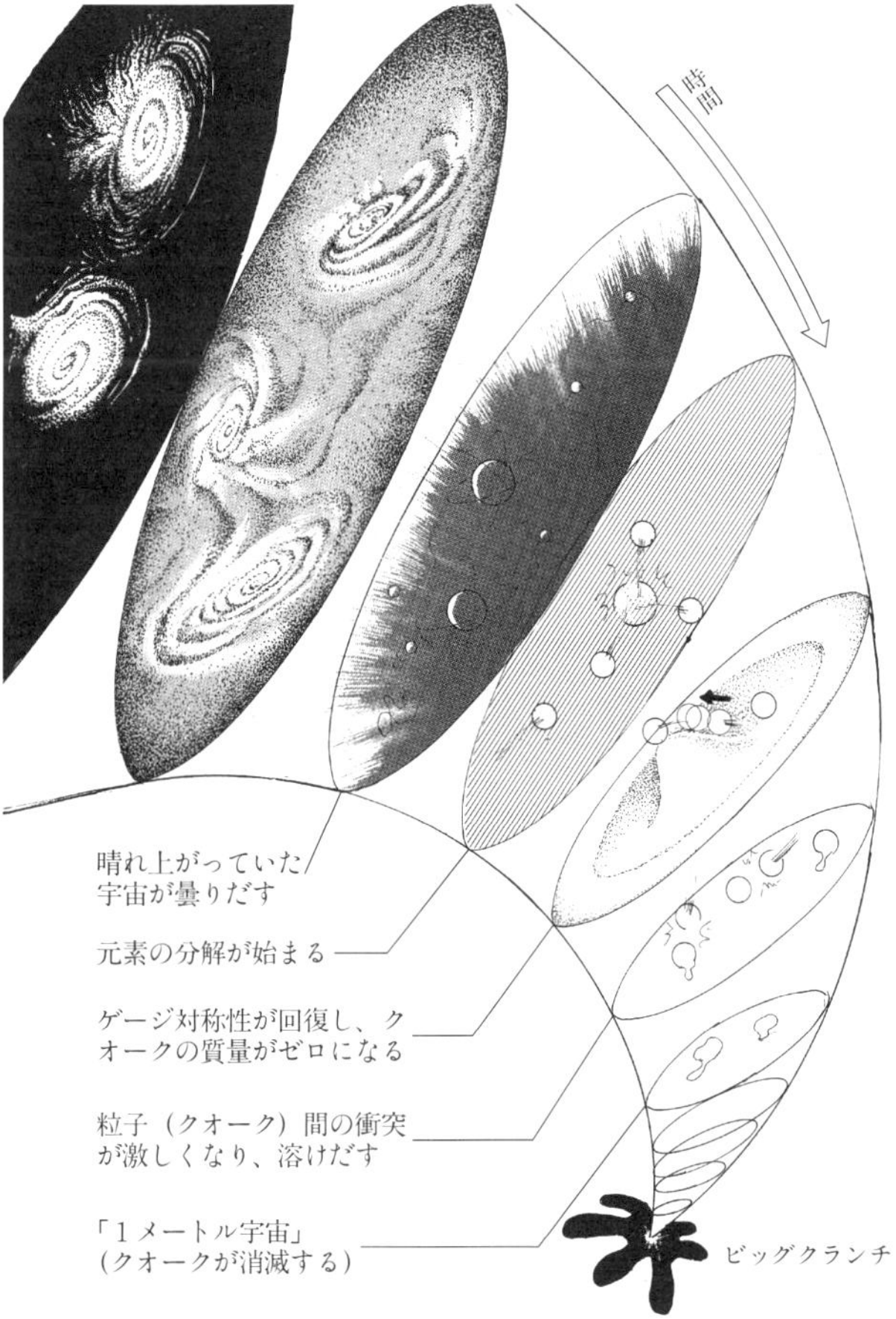
時間
晴れ上がっていた
宇宙が曇りだす
元素の分解が始まる
ゲージ対称性が回復し、ク
オークの質量がゼロになる
粒子（クオーク）間の衝突
が激しくなり、溶けだす
「1メートル宇宙」
(クオークが消滅する)
ビッグクランチ

間もトンネル効果も考える必要がありません。ビッグクランチによってプランクの長さにまで収縮した宇宙は、実時間のまま跳ね返り、新しいビッグバンを始める、と考えます。

その根拠のひとつが、すでに何度か述べている「Tデュアリティ」です。プランクの長さより短い長さは、その逆数に比例した長さに等しいわけですから、どんどん縮んでいくビッグクランチ宇宙は、どんどん広がっていくビッグバン宇宙と双対《そうつい》であり等しい、とみなせるのです。そのように考えると、宇宙の終末と見えた現象は、実は宇宙の始まりの現象だったということができます。

超ひも理論の立場からすれば、そのようにビッグクランチとビッグバンがスムーズにつながっていると考えるのが自然なのです。

宇宙のエントロピー問題

詳細な議論は省きましたが、われわれはこうして、ビッグクランチが次のビッグバンにどのようにつながるかという描像を見出すことができました。では、そうした繰り返しがなぜ30回から50回も起きたといえるのでしょうか。

その論拠は、温度にはプランク温度またはハゲドン温度と呼ばれる上限があるという超ひも理論から導かれる事実と、ビッグバンが始まるまでに宇宙が生成している膨大なエントロピーをどこから稼いできたかという疑問に発しています。

エントロピーというのは、系がどれくらい熱的に乱雑な状態にあるかを表す量ですが、大まかにいって、どれくらいの熱エネルギーをもっているかを表していると思ってもかまいません。すでに何度か述べましたように、現在の私たちの宇宙からさかのぼって逆算してみると、宇宙の温度がプランク温度であったとき、すなわちビッグバン直前の宇宙は半径が1ミリないしは1メートルほどもあり、素朴に予想されるプランク長さよりも30桁以上も大きいことがわかります。エントロピーは体積に比例しますから、これは宇宙初期のエントロピーが素朴な予想の10^{30}の3乗倍、つまり90桁以上も大きいということを意味します。

これを説明する有力な理論として、もちろんインフレーション理論があるわけですが、素粒子物理学の見地からいうと、必ずしも自然なものとはいえないのです。その理由は、インフレーションを引き起こす場、すなわちインフラトンがかなり不自然な性質をもっていると仮定しなければ、インフレーションのシナリオがうまくいかないことです。

そこでインフレーション理論はいったん忘れて、われわれのたどり着いた新しい見解を述べることにします。

インフレーション理論では、宇宙のエントロピーは、1回の指数膨張とそれに次いで起こる再加熱によってつくり出されると考えるわけですが、われわれの理論では、宇宙がビッグバンとビッグクランチを繰り返しながら、徐々にエントロピーを蓄えてきた、と考えます。

ここで第5章「超ひも理論でブラックホール蒸発の謎を解く」の項で述べたことを思い出してください。ホーキングがブラックホールの蒸発を提唱したとき、彼はブラックホールのそばでの時空の曲がり具合が実は温度と比例関係をもつことを発見し、ブラックホールがあたかも熱せられた物体のように「ホーキング輻射」と呼ばれる熱輻射を出すことを予想しました。

同様な議論を、宇宙が指数関数的に膨張あるいは収縮している場合に適用しますと、宇宙自体がハッブル定数に比例した温度を持っていることがわかります。そうすると、超ひも理論では温度に上限がある以上、ハッブル定数にも上限があるはずだということになります。すなわち、ビッグバン以前の宇宙は、温度も、ハッブル定数も上限値だったはずであり、とくに宇宙の半径は、

$$a \propto e^{Ht} \qquad \text{(指数収縮のときは } a \propto e^{-Ht}\text{)}$$

となります（aは宇宙の半径、Hはハッブル定数の上限値、tは時間、eは自然対数の底で、$e=2.71828$

……という値)。

ハッブル定数の上限値もハゲドン温度も大ざっぱにはプランクスケールと考えられますから、この式は、プランク時間がたつごとに約2.7倍(つまりe倍)ずつ宇宙は膨張していくことを表しています。そうすると、プランク時間のn倍時間がたつごとに2.7のn乗倍ずつ宇宙は指数膨張することになる、というわけです。

このようにして、プランク長さの宇宙からの指数関数的な膨張が、インフレーション理論とはまったくちがったメカニズムで説明できることになります。この式はまた、Tデュアリティとも相性がよくできています。すなわち、時間をどんどんさかのぼっていきますと、この式は宇宙の半径がプランク長さよりもずっと小さくなることを意味します。しかし、Tデュアリティを認めますと、それは逆にプランク長さよりもずっと大きな宇宙を表しているわけですから、ビッグバンをさかのぼっていくと1回前の宇宙のビッグクランチにつながることになり、宇宙の跳ね返りが自然に説明できるのです。また、この間の宇宙の温度もハッブル定数もずっと上限値のままだったということになります。

われわれはこのあと、私たちがいま住んでいる宇宙のエントロピーが主にどこでつくられたものなのか、計算してみました。結論をいうと、温度が上限の値をとって推移しているあいだはエントロピーは生成されず、その直前と直後のあいだに大幅に稼いでいることがわかりました。

エントロピーというのは、場がゆっくりと変化するような、「断熱的」と呼ばれる系ではあまり増大しないことがわかっています。逆にいうと、場が急激な変化を起こすときにはエントロピーは急激に増えます。宇宙の終わりの指数収縮が始まる直前と、宇宙のはじめの指数膨張が終わった直後は急激な変化なので、エントロピーは急激に増大するというわけです。

かなり誤差があるのですが具体的に計算してみますと、宇宙がビッグクランチとビッグバンを1回ずつ経験すると、エントロピーはおよそ50ないし500倍大きくなることがわかります。そうしますと、先に述べたような10^{90}倍のエントロピーの増加が説明できる、というわけなのです。

前世代の宇宙に地球はなかった

さてここからは、最初の宇宙からどのようにして30〜50回のビッグバン—ビッグクランチを繰り返し、いま私たちが住んでいる宇宙につながったのか、具体的なサイクリック宇宙のイメージをふくらませてみましょう。図6-4（268〜271ページ）を見ながらお読みください。序章に示した「宇宙創成図」とはずいぶんかけ離れたイメージになることがわかるでしょう。

図では現在の宇宙を仮に50回目の宇宙としてあります。さて、まず一番最初の宇宙は、第3章「宇宙のタネと虚時間」で話したのと同様のプロセスで誕生すると考えられます。つまり、虚時間の「素領域」から、トンネル効果によって、実時間の始まりであるプランクの長さに、「ぷっ」と抜け出るようなイメージです。しかし1回目の宇宙は、残念ながらあまり膨張することができず、ビッグバンはすぐさまビッグクランチへと向かいます。図のイメージでいうと、プランクの長さからちょっと膨らみますが、すぐにプランクの長さにしぼんでしまい、あえなくビッグクランチになるといった感じです。1回目の宇宙の大きさは、最大でもプランクの長さよりあまり大きくなれなかった、ということです。

しかし重要なのは、ここでほんの少しですが、エントロピーを生成することです。これがその後何十回かの宇宙で蓄えられる最初のエントロピーです。1回目のビッグクランチは2回目のビッグバンとどのようにつながるのかというと、すでに述べたように、Tデュアリティの理論で説明できます。つまり縮んでいく宇宙の最後の長さは、膨張していく宇宙のはじめの長さと双対であるという等式に従って、ビッグクランチは次のビッグバンへと実時間のままつながっていくことになります。

2回目の宇宙は、1回目に蓄えたエントロピーがありますので、1回目の宇宙よりは膨張します。しかしまだあまり膨張する力はないので、やはりあえなくしぼみます。

もちろん、2回目の宇宙でもエントロピーは生成されます。われわれの計算によると、2回目のエントロピーは1回目のエントロピーのおよそ50倍生成されると考えられます。かなり粗い計算ですが、エントロピーはその後、宇宙の回数を重ねるごとに50倍ずつ増えていくことになります。

2回目の宇宙の大きさもエントロピーから計算できます。エントロピーの量は体積に比例しますから、体積の3乗根に比例する宇宙の直径を計算しますと、宇宙の広さは、1回目の宇宙の直径の$\sqrt[3]{50}$倍、ざっと4倍の広さということになります。2回目の宇宙は、1回目の宇宙の4倍の広さまで膨張するが、それ以上膨らむことはできずにビッグクランチを迎えるというわけです。

3回目の宇宙は、同様に繰り返され、エントロピーは1回目のざっと2500倍、宇宙の広さは16倍ということになるでしょう。宇宙はそのように、ビッグバン―ビッグクランチを繰り返しながら、どんどんとエントロピーを蓄積し、広さや宇宙年齢も指数関数的に膨張・成長を遂げていくと考えられます。

もちろん50回のうち何回目かの宇宙の段階で、その世代の宇宙の広さと温度に応じて、ヒグス場がクオークが質量をもつような真空期待値をもつようになったり、クオークの閉の宇宙から始まる事象なのかも、大ざっぱには推測できます。

その計算方法ですが、各世代の宇宙で温度が一番下がったときの最低温度を調べるのです。温度は宇宙のサイズに反比例するので、第1世代の宇宙の最低温度はプランク温度（10^{31}K）、第2世代の最低温度はプランク温度の4分の1、第3世代の最低温度はプランク温度の16分の1……という具合になります。

たとえば元素が合成される宇宙が何世代目かを考えてみましょう。序章の「宇宙創成図」にあるように、元素が合成される温度は、10^9Kです。それが何世代目の宇宙にあたるかを知りたければ、プランク温度に$\frac{1}{4}$を36回かけると10^9Kになります。ゆえに、元素合成が始まるのは36回目の宇宙くらいからということになります。言い換えると、35世代までの宇宙では、元素が合成される前に宇宙はつぶれてしまったということです。同様に、クォークの閉じ込めが起こるのは30回目くらいの宇宙、宇宙が晴れ上がり、銀河が形成され、星の宇宙が始まるのは44回目の宇宙くらいからということになります。

私たちの現在の宇宙に近い世代の宇宙も見てみることにしましょう。この場合、1回目の宇宙から数えるより、現在の私たちの宇宙から逆算するほうが手っ取り早いですので、その方法で前の世代の宇宙について見てみます。

図6-4　新サイクリック宇宙のイメージ

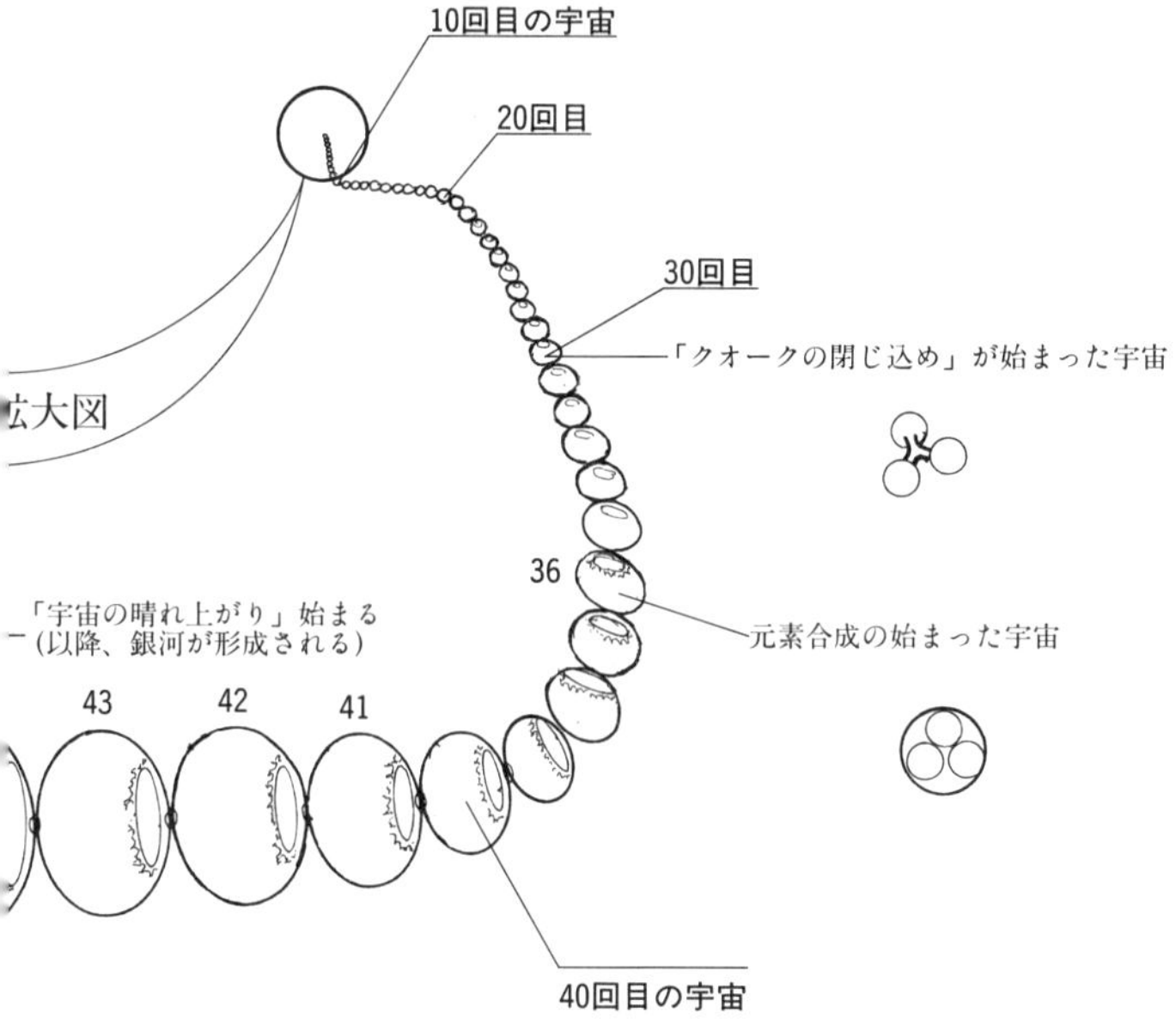

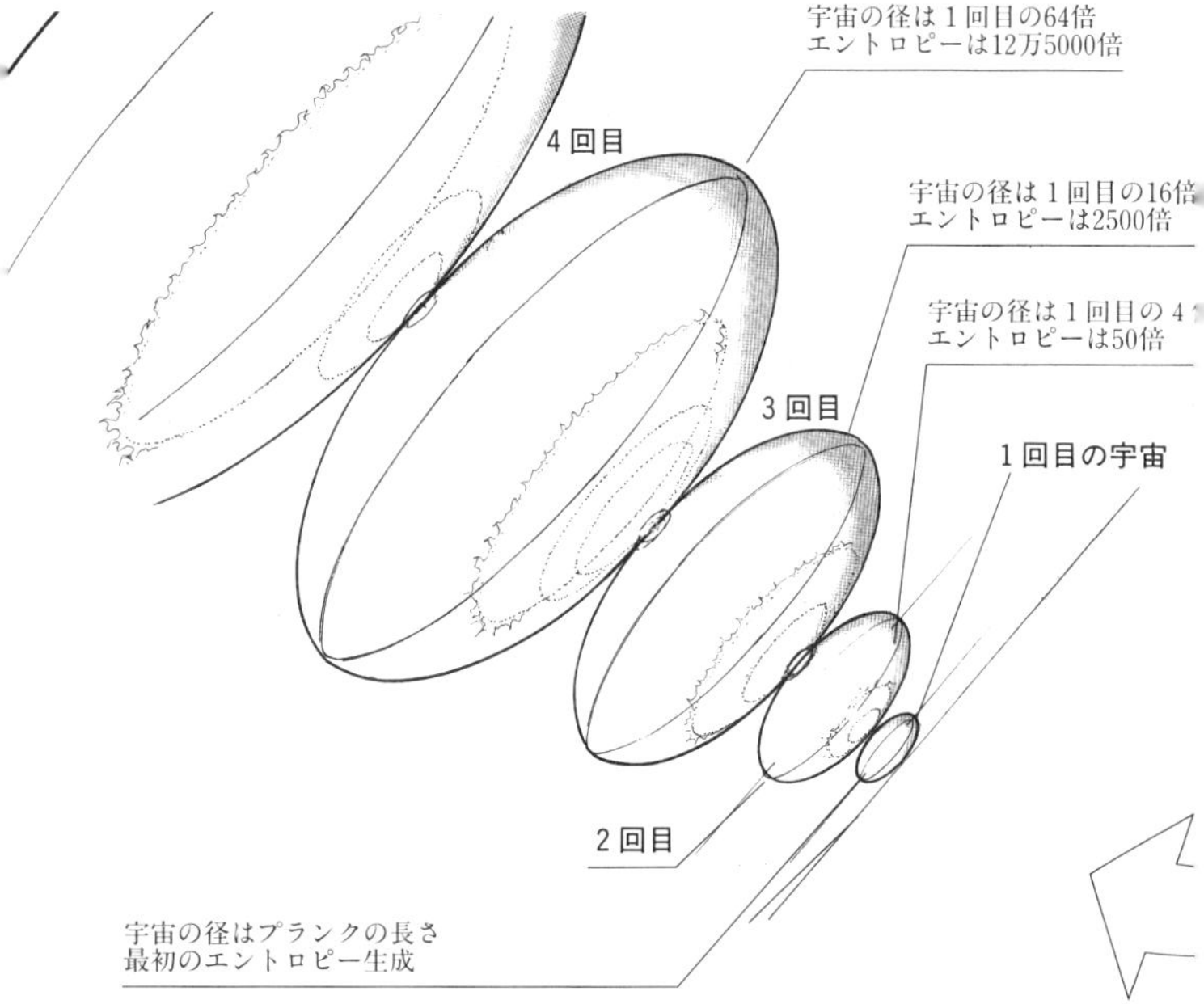
宇宙の径は１回目の64倍
エントロピーは12万5000倍
4 回目
宇宙の径は１回目の16倍
エントロピーは2500倍
宇宙の径は１回目の４
エントロピーは50倍
3 回目
1 回目の宇宙
2 回目
宇宙の径はプランクの長さ
最初のエントロピー生成

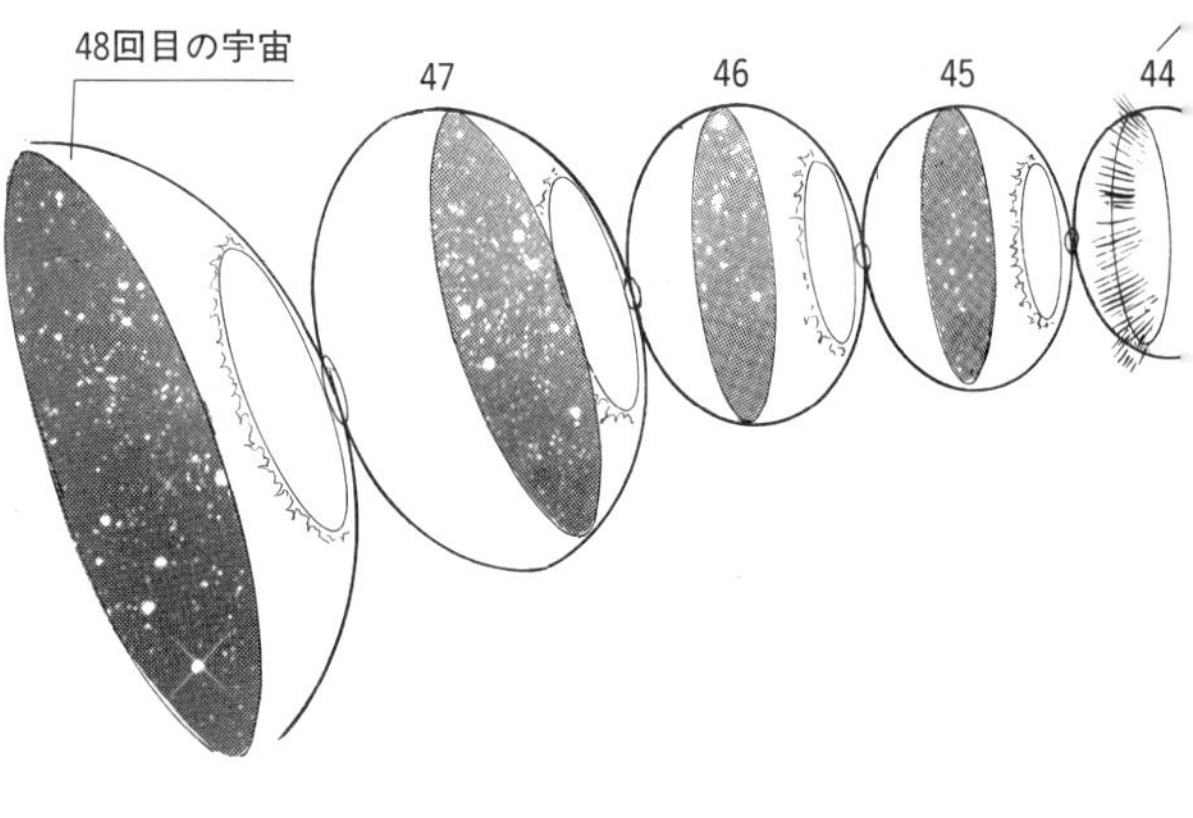
48回目の宇宙
47
46
45
44

図6-4　新サイクリック宇宙のイメージ（つづき）

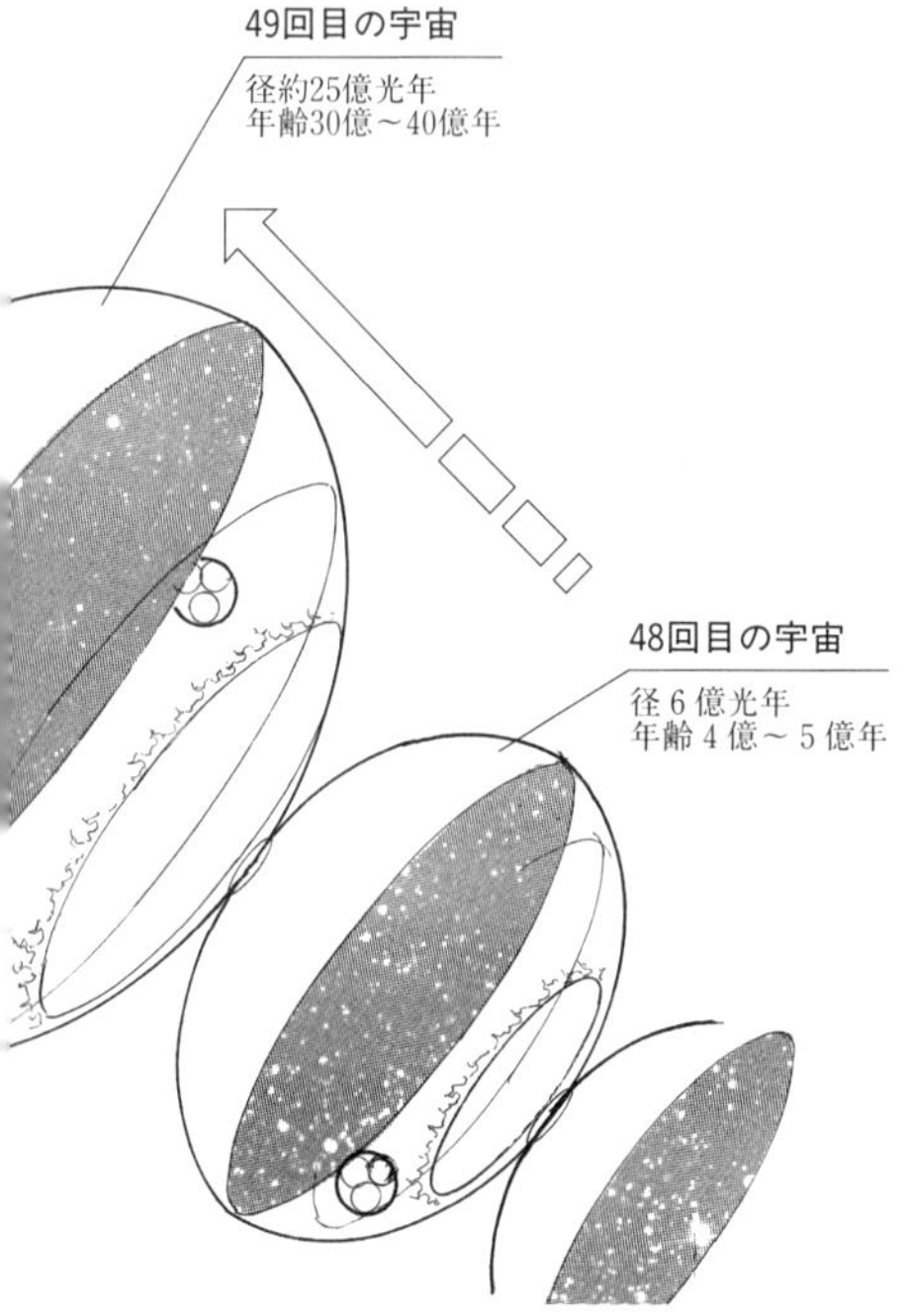

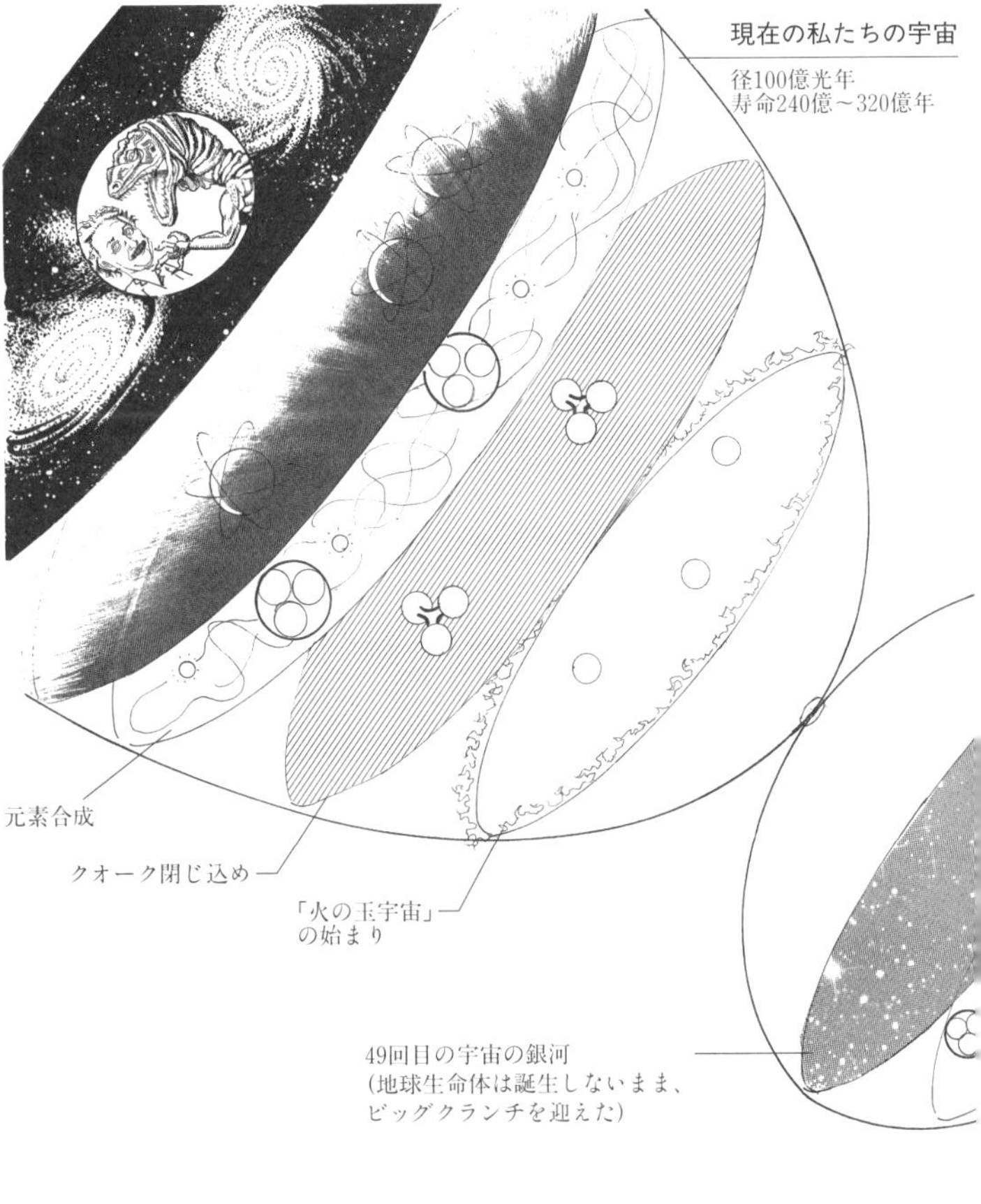
現在の私たちの宇宙
径100億光年
寿命240億～320億年
元素合成
クオーク閉じ込め
「火の玉宇宙」
の始まり
49回目の宇宙の銀河
(地球生命体は誕生しないまま、
ビッグクランチを迎えた)

まず宇宙年齢の計算法です。宇宙年齢（時間）は大ざっぱには宇宙のサイズの $3/2$ 乗に比例するので、$4^{\frac{3}{2}}=8$ ですから、各世代の年齢は $1/8$ ずつ小さくしていけばよいことになります。ところで私たちの宇宙の年齢は現在およそ１３７億年です。この先は、前に説明したように、宇宙項が残っていればこのままゆっくり膨張し続けると考えられますが、もし宇宙項がなければあと１００億～２００億年でビッグクランチに転じると思われます。そこから逆算すると、１世代前の宇宙の年齢はその８分の１の約30億～40億年と考えられます。

私たちの宇宙の前の世代の宇宙は、火の玉宇宙の始まりも、クオーク・グルオン・プラズマ状態も、クオークの閉じ込めも、元素合成も、宇宙の晴れ上がりと銀河形成も全部、私たちの宇宙と同様に経験していたことになります。ただ宇宙年齢が30億～40億年ということは、地球に相当する星はまだ誕生していません。地球誕生はいまから46億年くらい前といわれますので、宇宙が生まれてざっと１００億年近くたたないと誕生しないという計算になるからです。ですから、現在の宇宙の前の世代の宇宙には、人類という生命は誕生しなかったのではないかと考えられます。

こうしておよそ50回の宇宙の変転を経て、私たちの宇宙とそこに住む生命は誕生した、ということになります。

ここで述べましたサイクリック宇宙の理論は、温度の上限であるハゲドン温度と、ハッブル定数の上限というわれわれの予想した法則と、Tデュアリティという超ひも理論の性質を論拠にして生み出されています（既発表論文には*'Limiting Temperature, Limiting Curvature and the Cyclic Universe'*, 2003があります）。

この理論自身はまだ試論の段階にすぎませんが、いずれにしても超ひも理論が期待されているとおりに真に究極の理論であるならば、「インフレーション以前」の宇宙誕生の謎は、超ひも理論が解き明かすことになるでしょう。

ところで、私たちの宇宙のあとに、次の世代の（強いていえば51回目の）宇宙が訪れるのかどうか、それについてはまだはっきりとは答えられません。前に述べたように、アインシュタインの宇宙項の観測データが正しければ、宇宙はビッグクランチせずにこのまま膨張しながらただ冷えていくだけで、宇宙はつまらない、緩やかな死を迎えるということになります。

もし宇宙が収縮に転じれば、ビッグクランチを迎え、51回目の宇宙がまた新たに始まる。でなければ、私たちの宇宙が最後の宇宙、ということになるのです。

講談社現代新書　1813

はじめての〈超《ちょう》ひも理論《りろん》〉

二〇〇五年一二月二〇日第一刷発行

著　者　川合《かわい》　光《ひかる》　

発行者　野間佐和子

発行所　株式会社講談社

東京都文京区音羽二丁目一二―二一　郵便番号一一二―八〇〇一

電　話　出版部　〇三―五三九五―三五二一

販売部　〇三―五三九五―五八一七

業務部　〇三―五三九五―三六一五

装幀者　中島英樹

印刷所　大日本印刷株式会社

製本所　株式会社大進堂

定価はカバーに表示してあります　Printed in Japan

N.D.C.421　274p　18cm

ISBN4-06-149813-4

「講談社現代新書」の刊行にあたって

教養は万人が身をもって養い創造すべきものであって、一部の専門家の占有物として、ただ一方的に人々の手もとに配布され伝達されうるものではありません。

しかし、不幸にしてわが国の現状では、教養の重要な養いとなるべき書物は、ほとんど講壇からの天下りや単なる解説に終始し、知識技術を真剣に希求する青少年・学生・一般民衆の根本的な疑問や興味は、けっして十分に答えられ、解きほぐされ、手引きされることがありません。万人の内奥から発した真正の教養への芽ばえが、こうして放置され、むなしく滅びさる運命にゆだねられているのです。

このことは、中・高校だけで教育をおわる人々の成長をはばんでいるだけでなく、大学に進んだり、インテリと目されたりする人々の精神力の健康さえもむしばみ、わが国の文化の実質をまことに脆弱なものにしています。単なる博識以上の根強い思索力・判断力、および確かな技術にささえられた教養を必要とする日本の将来にとって、これは真剣に憂慮されなければならない事態であるといわなければなりません。

わたしたちの「講談社現代新書」は、この事態の克服を意図して計画されたものです。これによってわたしたちは、講壇からの天下りでもなく、単なる解説書でもない、もっぱら万人の魂に生ずる初発的かつ根本的な問題をとらえ、掘り起こし、手引きし、しかも最新の知識への展望を万人に確立させる書物を、新しく世の中に送り出したいと念願しています。

わたしたちは、創業以来民衆を対象とする啓蒙の仕事に専心してきた講談社にとって、これこそもっともふさわしい課題であり、伝統ある出版社としての義務でもあると考えているのです。

一九六四年四月　野間省一

哲学・思想I

66 哲学のすすめ——岩崎武雄

159 弁証法はどういう科学か 三浦つとむ

225 現代哲学事典——山崎正一 市川浩 編

501 ニーチェとの対話——西尾幹二

871 言葉と無意識——丸山圭三郎

881 うそとパラドックス 内井惣七

898 はじめての構造主義—橋爪大三郎

916 哲学入門一歩前——廣松渉

921 現代思想を読む事典 今村仁司 編

977 哲学の歴史——新田義弘

989 ミシェル・フーコー—内田隆三

1001 今こそマルクスを読み返す——廣松渉

1286 哲学の謎——野矢茂樹

1293 「時間」を哲学する——中島義道

1301 〈子ども〉のための哲学 永井均

1315 じぶん・この不思議な存在—鷲田清一

1325 デカルト=哲学のすすめ——小泉義之

1357 新しいヘーゲル——長谷川宏

1383 カントの人間学——中島義道

1401 これがニーチェだ——永井均

1406 哲学の最前線——冨田恭彦

1420 無限論の教室——野矢茂樹

1466 ゲーデルの哲学——高橋昌一郎

1504 ドゥルーズの哲学——小泉義之

1525 考える脳・考えない脳——信原幸弘

1575 動物化するポストモダン—東浩紀

1582 ロボットの心——柴田正良

1600 ハイデガー=存在神秘の哲学——古東哲明

1635 これが現象学だ——谷徹

1638 時間は実在するか 入不二基義

1651 私はどうして私なのか 大庭健

1675 ウィトゲンシュタインはこう考えた—鬼界彰夫

1745 私・今・そして神——永井均

1758 観念論ってなに?——冨田恭彦

1783 スピノザの世界——上野修

1788 カーニヴァル化する社会—鈴木謙介

1792 自我の哲学史——酒井潔

哲学・思想Ⅱ

自然科学・医学